卓越设计师案头工具书系列

钢结构 节点构造设计图集

（设计师必会100个节点设计：CAD节点+3D示意图+实景图片）

主编　白巧丽

参编　何艳艳　贾玉梅　高世霞　魏海宽　阎秀敏

U0178411

机械工业出版社
CHINA MACHINE PRESS

本书共分为三章，主要内容包括：钢结构基础知识、钢结构节点构造和钢结构施工安全防护。

本书内容翔实，系统全面，语言简练，重点突出，图文并茂，以实用、精炼为原则，紧密结合工程实际，从节点图、三维图、实例照片三个方面来解读，提供了200多个常用节点构造，便于读者理解掌握。本书可供钢结构工程设计、施工、管理人员以及相关专业大中专院校师生学习参考。

图书在版编目（CIP）数据

钢结构节点构造设计图集：设计师必会100个节点设计：CAD节点＋3D示意图＋实景图片/白巧丽主编. —北京：机械工业出版社，2021. 12
（卓越设计师案头工具书系列）
ISBN 978-7-111-70121-7

Ⅰ.①钢… Ⅱ.①白… Ⅲ.①钢结构－建筑构造－结构设计－图集
Ⅳ.①TU391-64

中国版本图书馆 CIP 数据核字（2022）第 017693 号

机械工业出版社（北京市百万庄大街22号 邮政编码100037）
策划编辑：张 晶 责任编辑：张 晶 刘 晨
责任校对：刘时光 封面设计：张 静
责任印制：张 博
中教科（保定）印刷股份有限公司印刷
2023 年 1 月第 1 版第 1 次印刷
184mm×250mm·15. 25 印张·385 千字
标准书号：ISBN 978-7-111-70121-7
定价：89. 00 元

电话服务   网络服务
客服电话：010-88361066   机 工 官 网：www.cmpbook.com
          010-88379833   机 工 官 博：weibo. com/cmp1952
          010-68326294   金 书 网：www. golden-book. com
封底无防伪标均为盗版   机工教育服务网：www. cmpedu. com

前 言
Preface

　　近年来，随着我国国民经济的飞速发展，建设工程的规模日益扩大，建筑钢结构发展迅速，每年在建的高层、超高层钢结构建筑多达百栋。钢结构具有造型美观、强度高、重量轻、安装容易、施工进度快、抗震性能突出、节能可再生、投资回收快等优势，已成为大型公共建筑、高层和超高层建筑、工业建筑的主要结构形式。

　　由于钢结构类型繁多，设计、施工过程中涉及大量的构造图、节点图等图样，图样是工程设计与建设的核心与基础，一个好的工程往往是由无数个精确、标准的节点组合而成，基于此原因，编者编写了此书。本书根据现行钢结构有关标准规范编写而成。本书编写的主要特点是将基本的钢结构节点构造做法通过 CAD 平面图、节点三维图示、现场实例相结合的方式表达出来，以钢结构构造节点设计为主线，采用图、表、文字三者结合的形式，希望设计师快速理解钢结构节点构造的基本知识，本书内容简洁明了，便于广大读者掌握，与实际结合性强。本书的编写目的，一是培养读者的空间想象能力；二是培养读者依照国家标准能正确绘制和阅读工程图样的基本能力。

　　本书共分为三章。主要内容包括：钢结构基础知识、钢结构节点构造和钢结构施工安全防护。

　　本书中的各类钢结构构造节点适合哪种场合，敬请读者仔细领会和推敲，切勿生搬硬套。在本书的编写过程中，参阅和借鉴了许多优秀书籍和文献资料，一并列在参考文献中，同时还得到有关领导和专家的帮助，在此对他们一并表示感谢。由于编者的经验和学识有限，书中的内容难免存在遗漏和不足之处，敬请广大读者批评和指正，便于进一步修改完善。诚挚地希望本书能为读者带来更多的帮助，编者将会感到莫大的荣幸与欣慰。

编 者

目 录
Contents

第一章

钢结构基础知识

◀ 第一节　钢结构工程施工常用的标准、规范 ▶

（1）《钢结构工程施工质量验收标准》（GB 50205—2020）

（2）《钢结构设计标准》（GB 50017—2017）

（3）《钢结构焊接规范》（GB 50661—2011）

（4）《钢结构工程施工规范》（GB 50755—2012）

（5）《建筑结构荷载规范》（GB 50009—2012）

（6）《高耸结构设计标准》（GB 50135—2019）

（7）《热轧钢板和钢带的尺寸、外形、重量及允许偏差》（GB/T 709—2019）

（8）《普通螺纹 基本尺寸》（GB/T 196—2003）

（9）《普通螺纹 公差》（GB/T 197—2018）

（10）《优质碳素结构钢》（GB/T 699—2015）

（11）《碳素结构钢》（GB/T 700—2006）

（12）《钢结构用高强度大六角头螺栓》（GB/T 1228—2006）

（13）《钢结构用高强度大六角螺母》（GB/T 1229—2006）

（14）《工业建筑防腐蚀设计标准》（GB/T 50046—2018）

（15）《建筑结构加固工程施工质量验收规范》（GB 50550—2010）

（16）《焊缝符号表示法》（GB/T 324—2008）

（17）《焊接接头冲击试验方法》（GB/T 2650—2008）

（18）《焊接接头弯曲试验方法》（GB/T 2653—2008）

（19）《焊接接头硬度试验方法》（GB/T 2654—2008）

（20）《非合金钢及细晶粒钢药芯焊丝》（GB/T 10045—2018）

（21）《埋弧焊用热强钢实心焊丝、药芯焊丝和焊丝-焊剂组合分类要求》（GB/T 12470—2018）

（22）《热强钢药芯焊丝》（GB/T 17493—2018）

（23）《碳钢、低合金钢焊接构件焊后热处理方法》（JB/T 6046—1992）

（24）《施工现场临时用电安全技术规范》（JGJ 46—2005）

（25）《建筑施工扣件式钢管脚手架安全技术规范》（JGJ 130—2011）

（26）《建筑施工碗扣式钢管脚手架安全技术规范》（JGJ 166—2016）

（27）《焊缝无损检测 射线检测第1部分：X和伽玛射线的胶片技术》（GB/T 3323.1—2019）

（28）《建筑工程施工质量验收统一标准》（GB 50300—2013）

（29）《钢筋焊接接头试验方法标准》（JGJ/T 27—2014）

（30）《钢结构现场检测技术标准》（GB/T 50621—2010）

◀ 第二节　钢结构识图 ▶

一、钢结构施工图识图的目的

（1）进行工程量的统计与计算。虽然现在工程量统计的软件很多，但这些软件对施工图的精准性要求较高，然而施工图可能会存在一些变更，此时需要按照图样人工计算；此外，这些软件还没有普及到各个施工单位，因此在很长一段时间内，按照图样人工计算工程量仍然是施工人员应具备的一项能力。

（2）进行结构构件的材料选择和加工。钢结构与其他常见结构相比，需要现场加工的构件较少，大多数构件都是在加工厂预先加工完成，再运到现场直接安装的。所以需要根据施工图明确构件的材料以及构件的组成。在加工厂，还需要将施工图进一步分解，形成分解图样，再根据分解图样进行加工。

（3）进行构件的安装与施工。进行构件的安装和结构拼装，必须要能够识读图样上的信息。

二、钢结构识图的步骤与方法

钢结构工程的种类很多，施工图所包括的内容也不尽相同，但在识图过程中却有很多相同的方法和步骤。

（1）阅读施工图，了解设计师的意图，清楚建筑物整体的功能、空间划分和不同空间的关系，掌握一些关键尺寸、信息。

（2）研究结构施工图，掌握其结构体系组成，明确主要构件的类型和特征，清楚各构件之间的连接做法及主要结构材料、尺寸，尤其要注意一些特殊的构造做法。

（3）仔细对照构件的编号来识读各构件的详图。通过构件详图明确各种构件的具体制作方法及构件的连接节点的详细制作方法，对于复杂的构件往往还需要有一些板件的制作详图。

（4）阅读设备施工图，明确设备安装的位置和方法。在整套图样的识读过程中，往往还需要将两个专业或多个专业的同一部位的施工图放在一起对照识读。

三、识图的注意事项

（1）施工图是根据投影原理绘制的，用图样表明房屋建筑等的设计及构造作法。要看懂施工图，应掌握投影原理，并熟悉建筑物的基本构造。

（2）施工图采用了一些图例符号以及必要的文字说明，共同把设计内容表现在图样上，所以必须记住常用的图例符号。

（3）读图应从粗到细，从大到小。先大概看一遍，理解工程的概况，再仔细看。细看时，应先看总设计说明和基本图样，再深入看构件图和详图。

（4）一套施工图是由各工种的许多张图样组成的，各图样之间是互相配合、紧密联系的。图样的绘制大致按照施工过程中不同的工种、工序分成一定的层次和部位进行，所以要有联系地、综合地看图。

（5）结合实际看图。根据实践、认识，再实践、再认识的规律，看图时联系实践，能较快地掌握图样的内容。

◀ 第三节　常见焊缝的表示方法 ▶

一、基本符号

基本符号表示焊缝横截面的基本形式或特征，具体参见表1-1。

表1-1　基本符号

序号	名　称	示意图	符　号
1	卷边焊缝（卷边完全熔化）		八
2	I 形焊缝		‖
3	V 形焊缝		V
4	单边 V 形焊缝		V
5	带钝边 V 形焊缝		Y
6	带钝边单边 V 形焊缝		Y
7	带钝边 U 形焊缝		Y
8	带钝边 J 形焊缝		Y

（续）

序号	名　称	示意图	符　号
9	封底焊接		⌣
10	角焊接		◺
11	塞焊缝或槽焊缝		⊓
12	点焊缝		○
13	缝焊缝		⊖
14	陡边 V 形焊缝		Ⅴ
15	陡边单 V 形焊缝		⊔
16	端焊缝		‖‖
17	堆焊缝		⌢⌢
18	平面连接（钎焊）		═
19	斜面连接（钎焊）		⫽
20	折叠连接（钎焊）		⅗

二、基本符号的组合及补充

标注双面焊焊缝或接头时，基本符号可以组合使用，补充符号用来补充说明有关焊缝或接头的某些特征，具体参见表1-2、表1-3。

表1-2　基本符号组合

序号	名　称	示意图	符　号
1	双面 V 形焊接		✕
2	双面单 V 形焊接（K 焊缝）		Ｋ
3	带钝边的双面 V 形焊接		⅄

（续）

序号	名　称	示意图	符　号
4	带钝边的双面单V形焊接		K
5	双面U形焊缝		X

表1-3　补充符号及说明

序号	名　称	补充符号	补充符号说明
1	平面		焊缝表面通常经过加工后平整
2	凹面		焊缝表面凹陷
3	凸面		焊缝表面凸起
4	圆滑过渡		焊趾处过渡圆滑
5	永久衬垫	M	衬垫永久保留
6	临时衬垫	MR	衬垫在焊接完成后拆除
7	三面焊缝		三面带有焊缝
8	周围焊缝		沿着工件周边施焊的焊缝，标注位置为基准线与箭头线的交点处
9	现场焊接		在现场焊接的焊缝
10	尾部		可以表示所需的信息

◀ 第四节　钢结构连接方式 ▶

钢结构通常是由钢板、型钢通过组合连接成为基本构件，再通过安装连接成为整体结构骨架。连接在钢结构中占有很重要的地位，钢结构常用的连接方法有：焊缝连接、铆钉连接、螺栓连接（图1-1）。

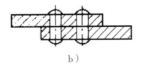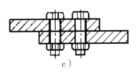

图1-1　钢结构连接方法
a）焊缝连接　b）铆钉连接　c）螺栓连接

普通螺栓连接使用最早，从18世纪中叶开始。19世纪20年代开始采用铆钉连接。19世纪下半叶又出现了焊缝连接。自21世纪中叶高强度螺栓连接又得到了发展。

（1）焊缝连接是现代钢结构中最主要的连接方式，属刚接（可以承受弯矩），除了直接承受动力荷载的结构中，超低温状态下，均可采用焊缝连接。优点：构造简单，能连接所有形状的结构，一般无须拼接材料，能实现自动化操作，生产效率较高。缺点：焊缝质量易受材料、操作的影响，对钢材性能要求较高。

（2）铆钉连接需要先在构件上开孔，孔直径比钉直径大1mm，将钉加热至900~1000℃，并用铆钉枪打铆。优点：刚度大，传力可靠，韧性和塑性较好，质量易于检查。缺点：施工技术要求高，劳动强度大，施工条件恶劣，施工速度慢。

（3）螺栓连接分普通螺栓连接和高强度螺栓连接，其中普通螺栓分C级螺栓和A、B级螺栓两种。C级螺栓（粗制螺栓）优点：直径与孔径相差1.0~1.5mm，便于安装。缺点：螺杆与钢板孔壁接触不够紧密，螺栓不宜受剪。A、B级螺栓（精制螺栓）优点：栓杆与栓孔的加工都有严格要求，受力性能较C级螺栓好。缺点：费用较高。

薄壁轻钢结构中，还经常采用射钉、自攻螺钉和焊钉等连接方式。

第二章

钢结构节点构造

◀ 第一节　柱脚节点 ▶

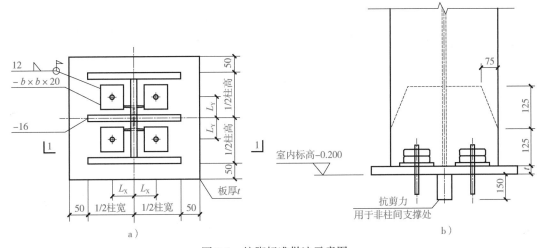

图 2-1　柱脚标准做法示意图

a）平面图　b）1-1 剖面图

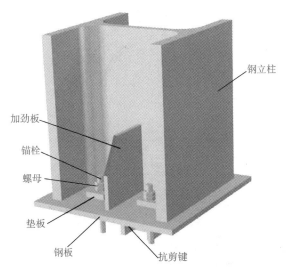

图 2-2　柱脚标准做法三维图

注：

（1）本节点图为柱脚标准通用做法，其他相似的节点可参考本图，柱脚加劲板均为 16mm 厚，节点详细尺寸均应依据深化详图进行。

（2）未注明的构件钢材均为 Q345B，板件连接焊缝均为坡口熔透焊，焊缝编号和形式依据为 16G519《多、高层民用建筑钢结构节点构造详图》。

（3）柱脚均为外露柱脚，地脚螺栓均为 Q345B，具体做法由选型设计，并满足相关设计规范要求。

图 2-3　柱脚标准现场图片

表 2-1　钢柱脚参数（一般情况）

钢柱规格	L_X/mm	L_Y/mm	t/mm	b/mm	螺栓	底板孔	垫板孔
HW200×200	60	0 – 单列	20	80	M24	$\phi36$	$\phi26$
HW250×250 HW244×252	60	60	20（3层或以下） 30（3层以上）	80	M24	$\phi36$	$\phi26$
HW300×300	75	70	20（3层或以下） 30（3层以上）	100	M30	$\phi45$	$\phi32$
HW344×348 HW350×350	80	80	25（3层或以下） 40（3层以上）	100	M30	$\phi45$	$\phi32$
HW400×400 HW400×408	100	100	30（3层或以下） 40（3层以上）	100	M30	$\phi45$	$\phi32$

注：HW200×200 钢柱柱脚两个螺栓，居中放置，无加劲板。

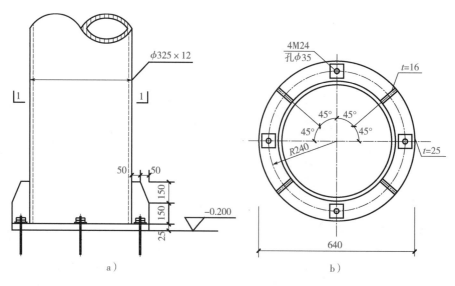

图 2-4　圆管柱柱脚标准做法示意图
a）立面图　b）1—1 剖面图

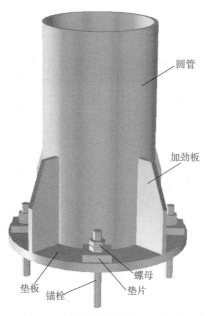

圆管

加劲板

螺母

垫片

垫板

锚栓

图 2-5　圆管柱柱脚做法三维图

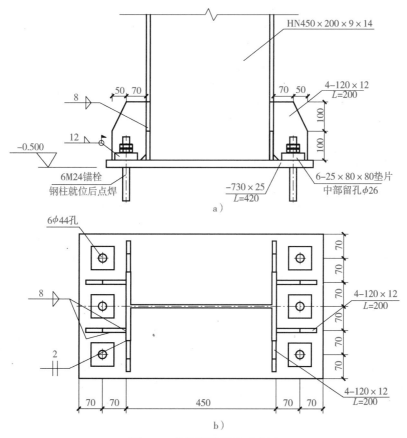

HN450 × 200 × 9 × 14

50　70　　　　　　　　70　50　　4—120 × 12
L=200

100

100

8

12

−0.500

6M24锚栓
钢柱就位后点焊

−730 × 25
L=420

6—25 × 80 × 80垫片
中部留孔φ26

a）

6φ44孔

70

70

70

8

4—120 × 12
L=200

70

2

70

70

70　70　　　　　450　　　　70　70

4—120 × 12
L=200

b）

图 2-6　柱脚刚接做法示意图
a）立面图　b）平面图

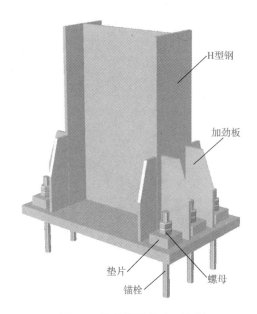

图 2-7　柱脚刚接做法三维图

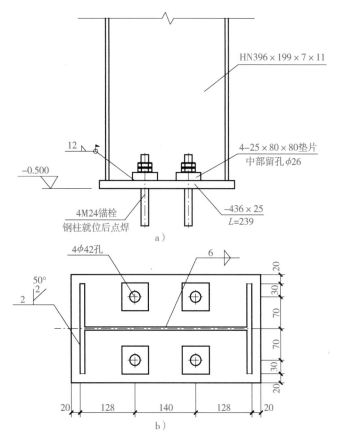

图 2-8　柱脚铰接做法（一）示意图
a）立面图　b）平面图

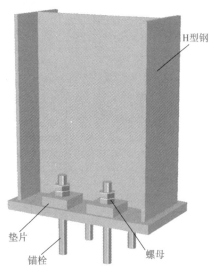

图 2-9　柱脚铰接做法（一）三维图

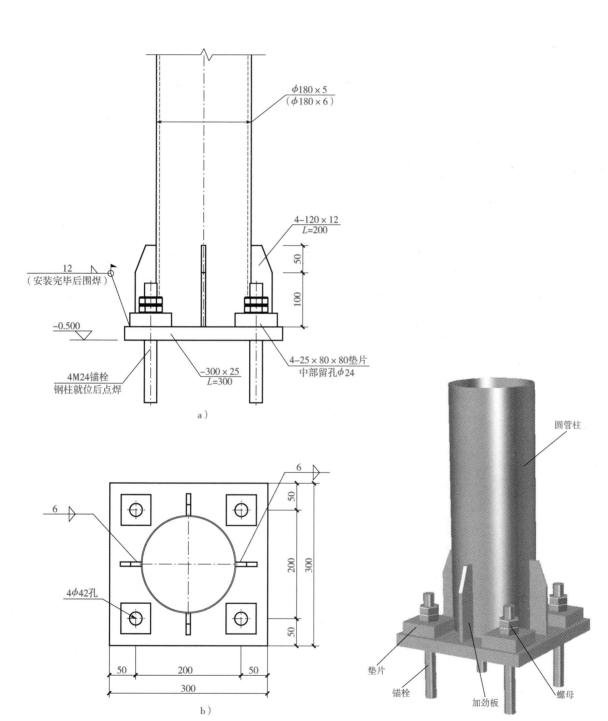

图 2-10　柱脚铰接做法（二）示意图
a）立面图　b）平面图

图 2-11　柱脚刚接做法（二）三维图

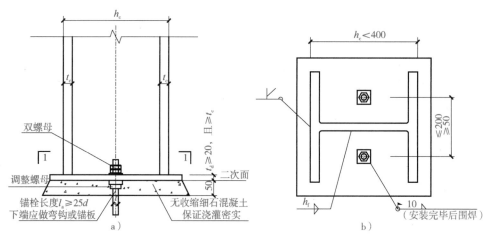

图 2-12　H形截面柱铰接柱脚构造（一）示意图

（用于柱截面较小时）

a）立面图　b）1—1 剖面图

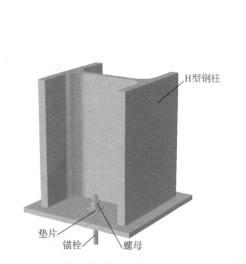

图 2-13　H形截面柱铰接柱脚构造（一）三维图

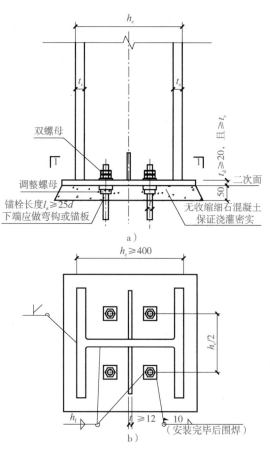

图 2-14　H形截面柱铰接柱脚构造（二）示意图

（用于柱截面较大时）

a）立面图　b）1—1 剖面图

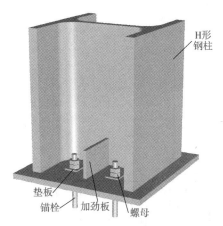

图 2-15 H 形截面柱铰接柱脚构造（二）三维图

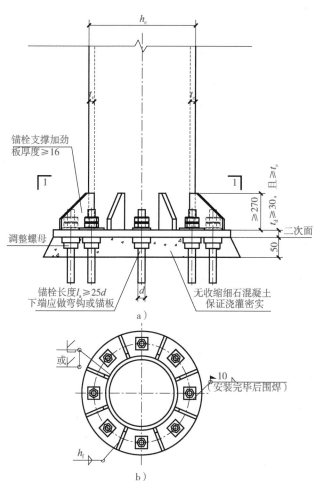

图 2-16 圆形截面柱铰接柱脚构造（一）示意图
（用于柱底端在弯矩和轴力作用下锚栓出现
较小拉力和不出现拉力时）
a）立面图 b）1—1 剖面图

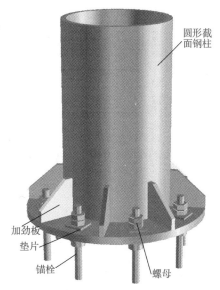

图 2-17 圆形截面柱铰接
柱脚构造（一）三维图

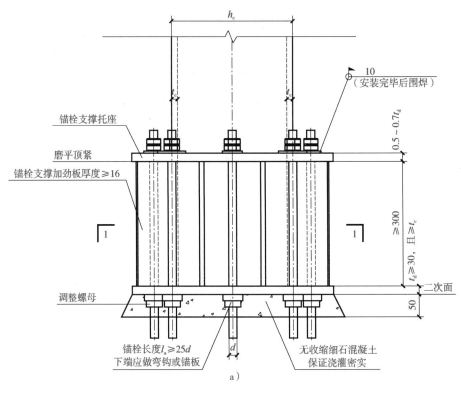

a）

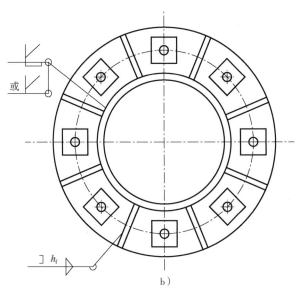

b）

图 2-18　圆形截面柱铰接柱脚构造（二）示意图

（用于柱底端在弯矩和轴力作用下锚栓出现较大拉力时）

a）立面图　b）1—1 剖面图

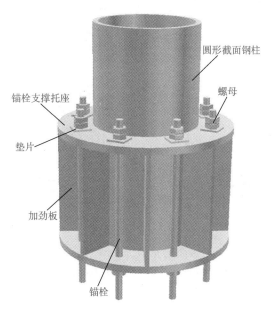

图 2-19　圆形截面柱铰接柱脚构造（二）三维图

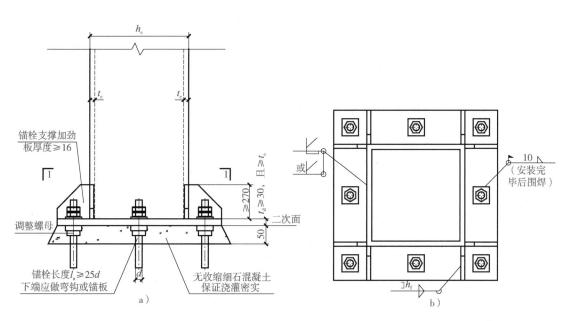

图 2-20　箱形截面柱铰接柱脚构造（一）示意图
（用于柱底端在弯矩和轴力作用下锚栓出现较小拉力和不出现拉力时）
a）立面图　b）1—1 剖面图

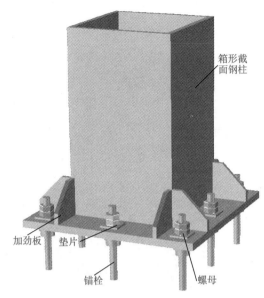

箱形截面钢柱

加劲板　垫片

锚栓　　螺母

图 2-21　箱形截面柱铰接柱脚构造（一）三维图

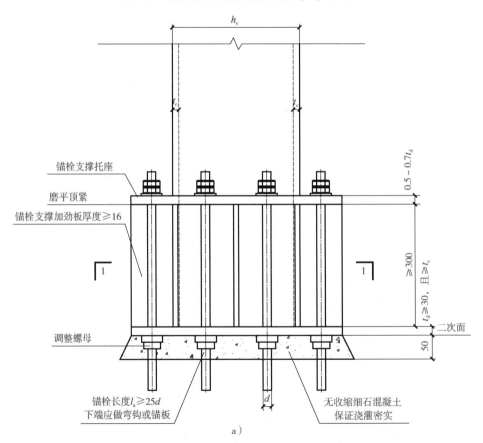

锚栓支撑托座

磨平顶紧

锚栓支撑加劲板厚度≥16

调整螺母

h_c

t_c　　t_c

$0.5 \sim 0.7 t_d$

≥300，且≥t_c

$t_d \geqslant 30$，二次面

50

锚栓长度$l_a \geqslant 25d$
下端应做弯钩或锚板

d

无收缩细石混凝土
保证浇灌密实

a）

图 2-22　箱形截面柱铰接柱脚构造（二）示意图
（用于柱底端在弯矩和轴力作用下锚栓出现较大拉力时）
a）立面图

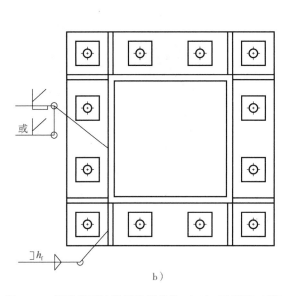

b)

图 2-22　箱形截面柱铰接柱脚构造（二）示意图（续）
（用于柱底端在弯矩和轴力作用下锚栓出现较大拉力时）

b) 1—1 剖面图

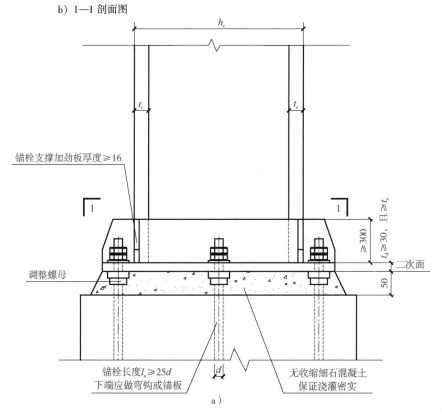

图 2-23　箱形截面柱铰接柱脚构造（二）
三维图

图 2-24　H 形截面柱的刚性柱脚构造示意图
（用于柱底端在弯矩和轴力作用下锚栓出现较小拉力和不出现拉力时）
a) 立面图

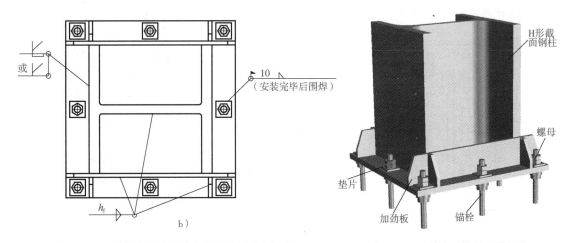

图 2-24　H 形截面柱的刚性柱脚构造示意图（续）
（用于柱底端在弯矩和轴力作用下锚栓
出现较小拉力和不出现拉力时）

b）1—1 剖面图

图 2-25　H 形截面柱的刚性柱脚
构造三维图

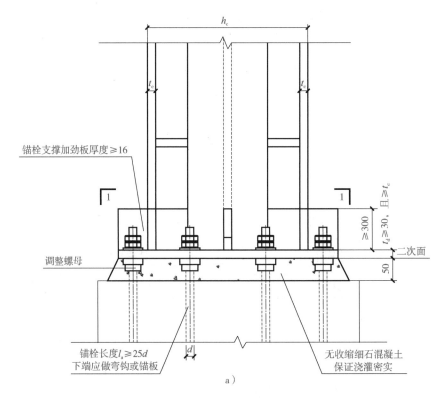

图 2-26　十字形截面柱的刚性柱脚构造示意图
（十字形截面柱只适用于钢骨混凝土柱）

a）立面图

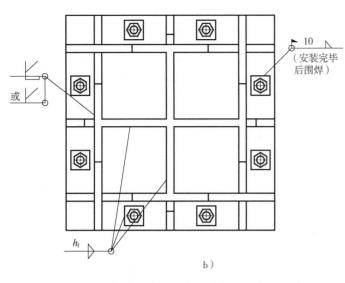

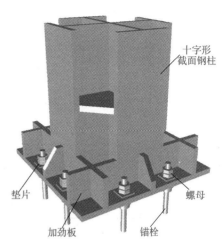

图 2-26　十字形截面柱的刚性柱脚构造示意图（续）
（十字形截面柱只适用于钢骨混凝土柱）
b）1—1 剖面图

图 2-27　十字形截面柱的刚性
柱脚构造三维图

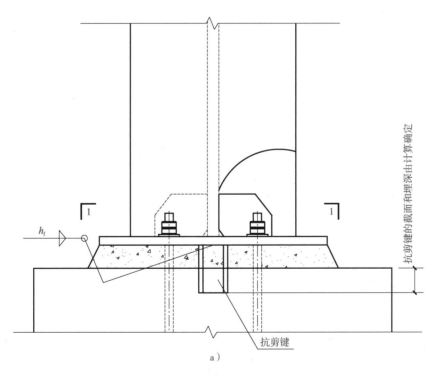

图 2-28　外露式柱脚抗剪键的设置（一）示意图
（可用于 H 形截面或方钢）
a）立面图

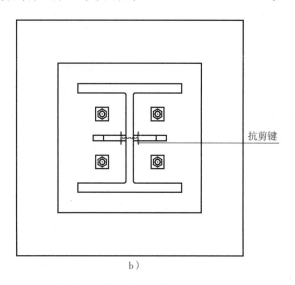

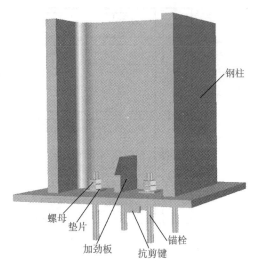

图 2-28　外露式柱脚抗剪键的设置（一）示意图（续）
（可用于 H 形截面或方钢）
b）1—1 剖面图

图 2-29　外露式柱脚抗剪键的
设置（一）三维图

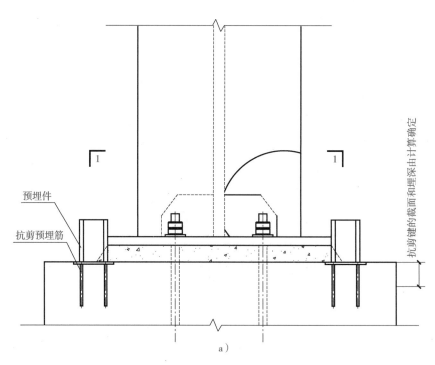

图 2-30　外露式柱脚抗剪键的设置（二）示意图
（可用于 H 形、槽形截面或角钢）
a）立面图

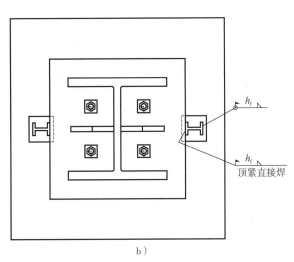

图 2-30　外露式柱脚抗剪键的设置（二）示意图（续）
（可用于 H 形、槽形截面或角钢）

b）1—1 剖面图

图 2-31　外露式柱脚抗剪键的
设置（二）三维图

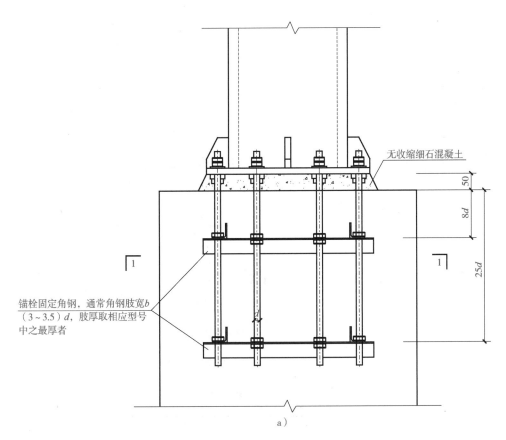

图 2-32　柱脚锚栓固定支架（一）示意图

a）立面图

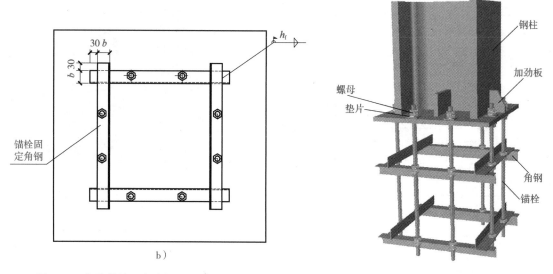

图 2-32 柱脚锚栓固定支架（一）示意图（续）

b）1—1 剖面图

图 2-33 柱脚锚栓固定
支架（一）三维图

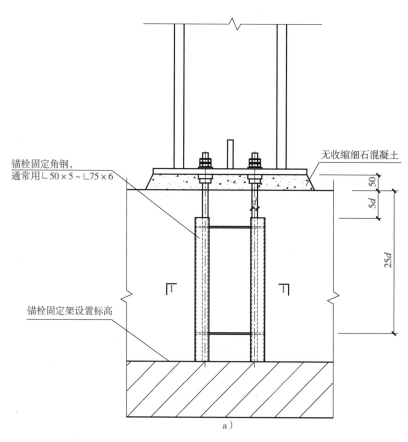

图 2-34 柱脚锚栓固定支架（二）示意图

a）立面图

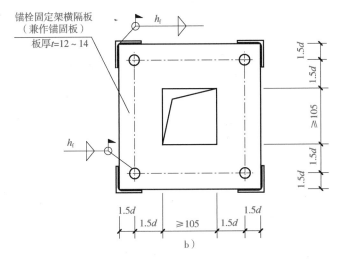

图 2-34 柱脚锚栓固定支架（二）示意图（续）

b）1—1 剖面图

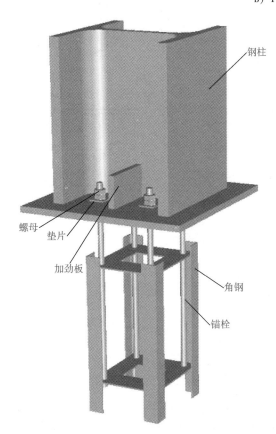

图 2-35 柱脚锚栓固定支架（二）三维图

设计说明要点：

（1）设计原则：传力明确、过程简洁、经济合理、安全可靠，并具有足够的刚度且构造又不复杂。

（2）柱脚节点分为铰接连接柱脚和刚性固定连接柱脚两种。

（3）锚栓用以固定柱脚位置，沿轴线布置，锚栓长度由钢结构设计手册确定，若锚栓埋入基础中长度不能满足要求，则考虑将其焊于受力钢筋上。

（4）焊缝布置原则：考虑施焊的方便与可能。

施工工艺要点：

柱脚地板上锚栓孔径宜取锚栓直径加 5 ~ 10mm；锚栓垫板的锚栓孔径取锚栓直径加 2mm。锚栓垫板与柱底板现场焊接固定，螺母与锚栓垫板也应进行点焊。

◀ 第二节　柱上节点 ▶

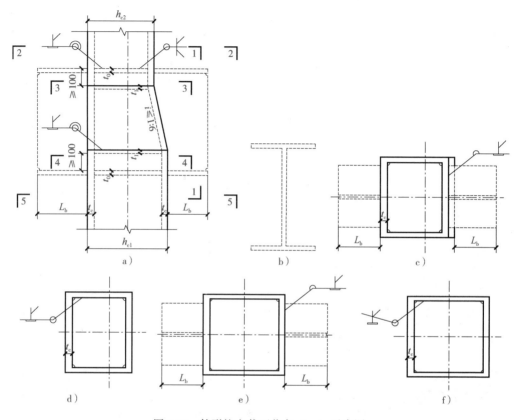

图 2-36　箱形柱变截面节点（一）示意图

a）立面图　b）1—1 剖面图　c）2—2 剖面图　d）3—3 剖面图　e）4—4 剖面图　f）5—5 剖面图

图 2-37　箱形柱变截面节点（一）三维图

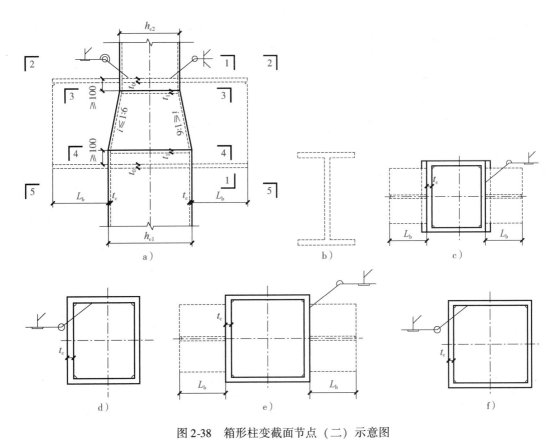

图 2-38 箱形柱变截面节点（二）示意图

a）立面图 b）1—1 剖面图 c）2—2 剖面图 d）3—3 剖面图 e）4—4 剖面图 f）5—5 剖面图

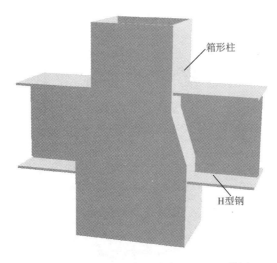

图 2-39 箱形柱变截面节点（二）三维图

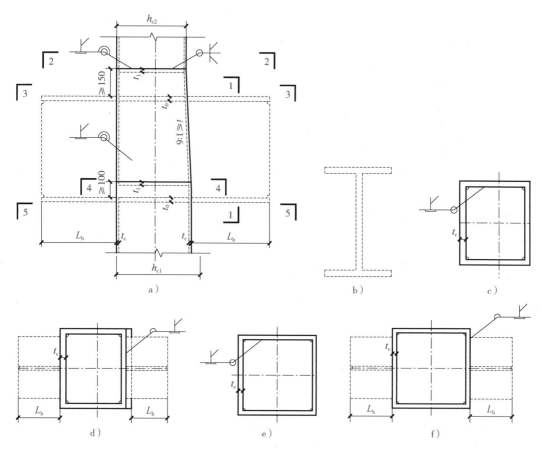

图 2-40　箱形柱变截面节点（三）示意图

a）立面图　b）1—1 剖面图　c）2—2 剖面图　d）3—3 剖面图　e）4—4 剖面图　f）5—5 剖面图

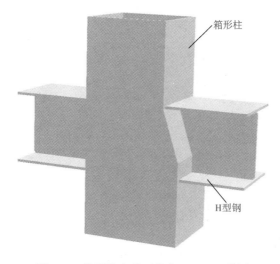

图 2-41　箱形柱变截面节点（三）三维图

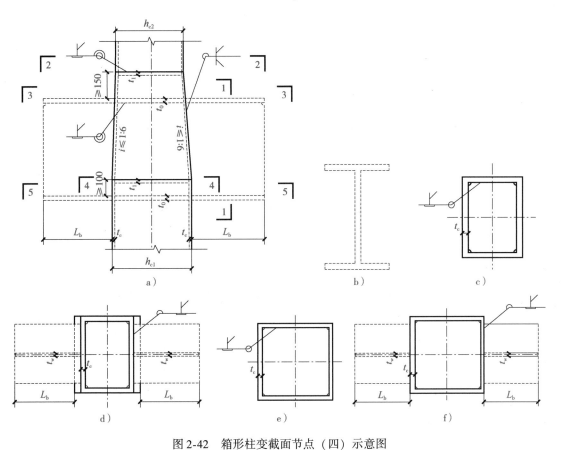

图 2-42　箱形柱变截面节点（四）示意图

a) 立面图　b) 1—1 剖面图　c) 2—2 剖面图　d) 3—3 剖面图　e) 4—4 剖面图　f) 5—5 剖面图

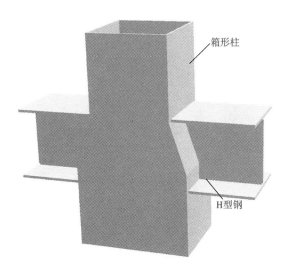

图 2-43　箱形柱变截面节点（四）三维图

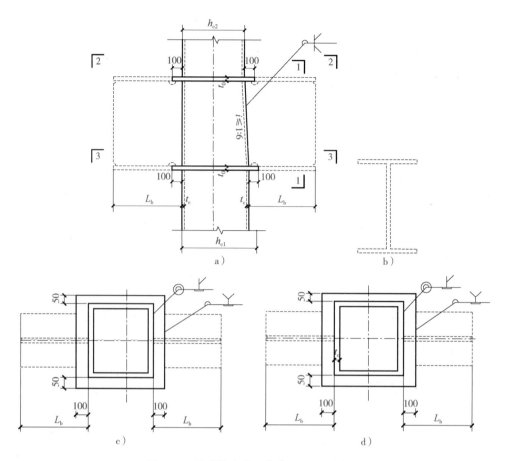

图2-44　箱形柱变截面节点(五)示意图

a)立面图　b)1—1剖面图　c)2—2剖面图　d)3—3剖面图

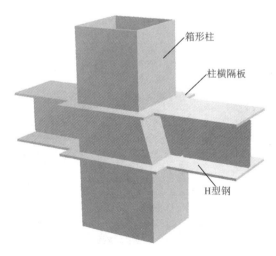

图2-45　箱形柱变截面节点(五)三维图

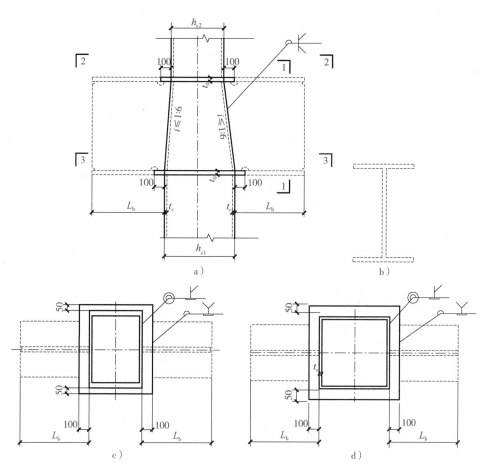

图 2-46　箱形柱变截面节点（六）示意图

a）立面图　b）1—1 剖面图　c）2—2 剖面图　d）3—3 剖面图

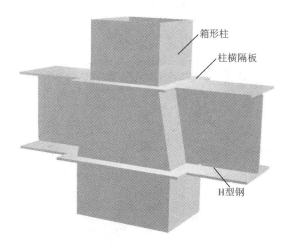

图 2-47　箱形柱变截面节点（六）三维图

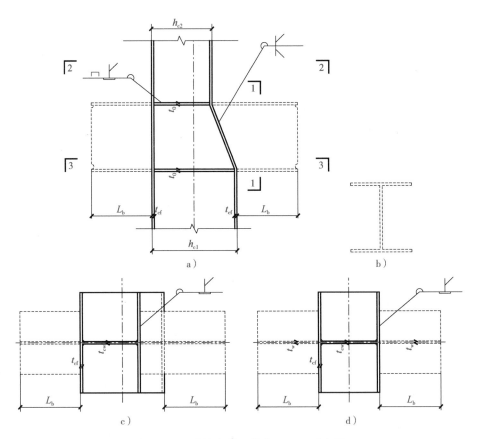

图 2-48　H 形柱变截面节点（一）示意图

a）立面图　b）1—1 剖面图　c）2—2 剖面图　d）3—3 剖面图

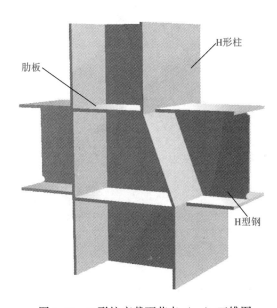

图 2-49　H 形柱变截面节点（一）三维图

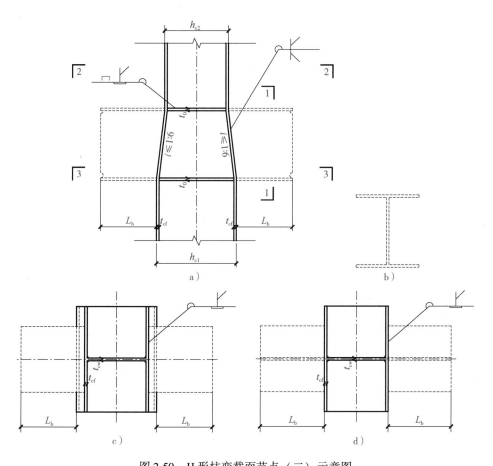

图 2-50 H 形柱变截面节点 (二) 示意图

a) 立面图   b) 1—1 剖面图   c) 2—2 剖面图   d) 3—3 剖面图

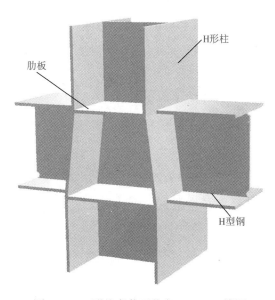

图 2-51   H 形柱变截面节点 (二) 三维图

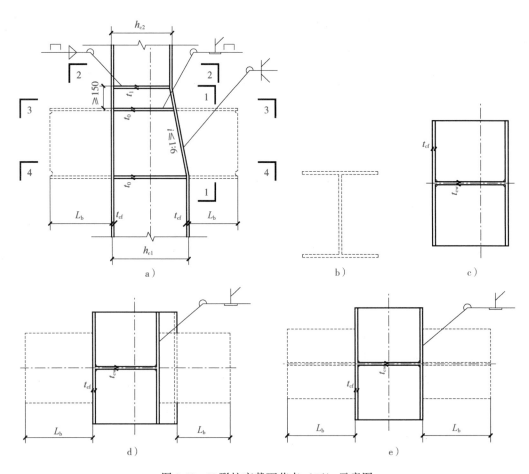

图 2-52　H形柱变截面节点（三）示意图
a）立面图　b）1—1 剖面图　c）2—2 剖面图　d）3—3 剖面图　e）4—4 剖面图

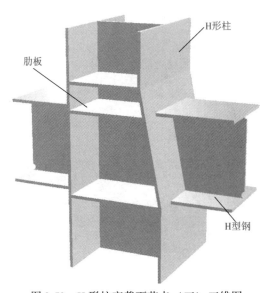

图 2-53　H形柱变截面节点（三）三维图

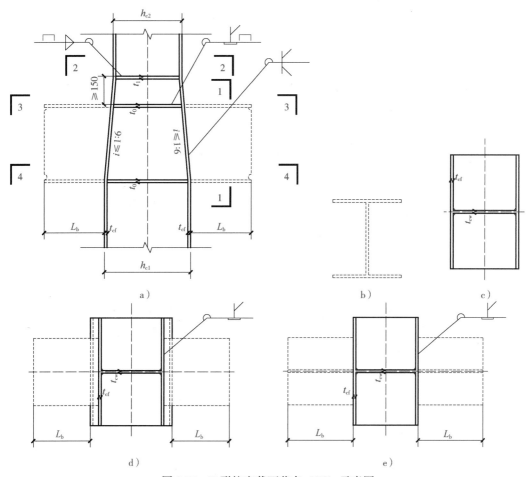

图 2-54 H 形柱变截面节点（四）示意图

a）立面图　b）1—1 剖面图　c）2—2 剖面图　d）3—3 剖面图　e）4—4 剖面图

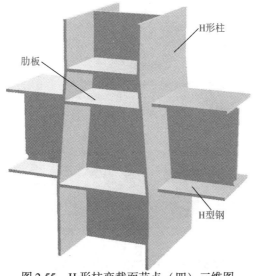

图 2-55 H 形柱变截面节点（四）三维图

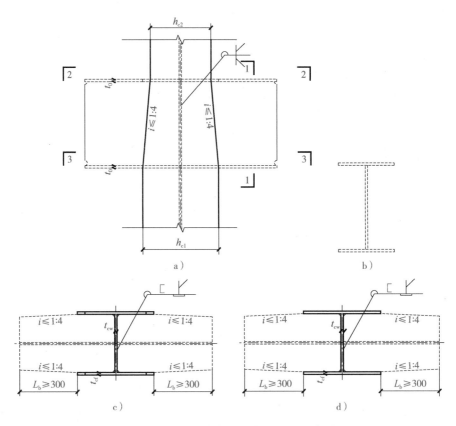

图 2-56　H 形柱变截面节点（五）示意图

a) 立面图　b) 1—1 剖面图　c) 2—2 剖面图　d) 3—3 剖面图

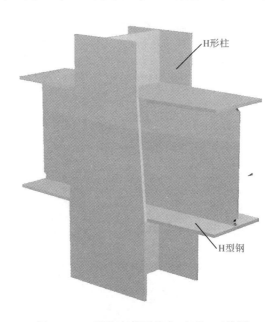

图 2-57　H 形柱变截面节点（五）三维图

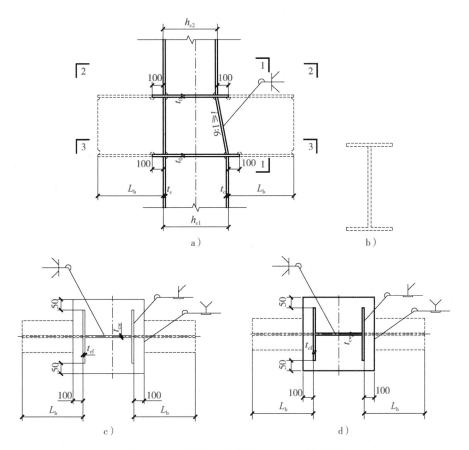

图 2-58 H 形柱变截面节点（六）示意图

a）立面图　b）1—1 剖面图　c）2—2 剖面图　d）3—3 剖面图

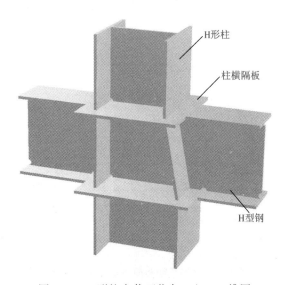

图 2-59 H 形柱变截面节点（六）三维图

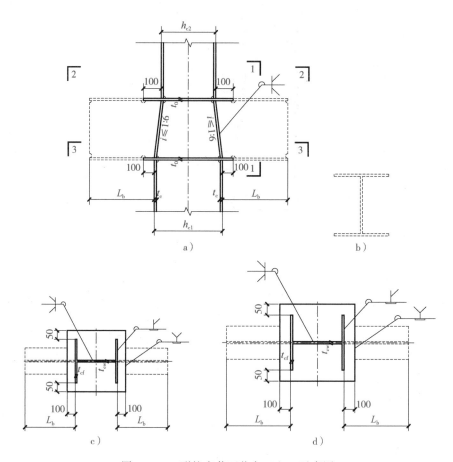

图 2-60　H 形柱变截面节点（七）示意图

a）立面图　b）1—1 剖面图　c）2—2 剖面图　d）3—3 剖面图

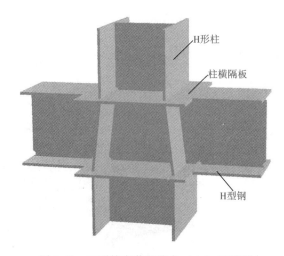

图 2-61　H 形柱变截面节点（七）三维图

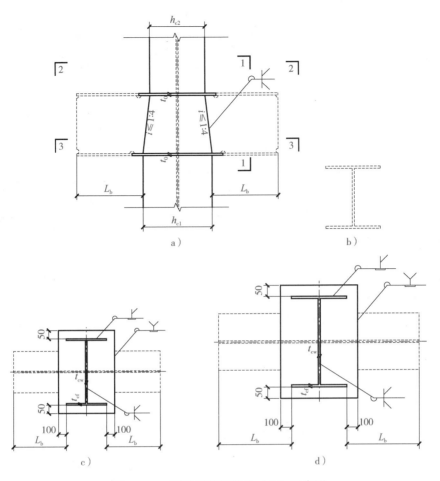

图 2-62　H 形柱变截面节点（八）示意图

a）立面图　b）1—1 剖面图　c）2—2 剖面图　d）3—3 剖面图

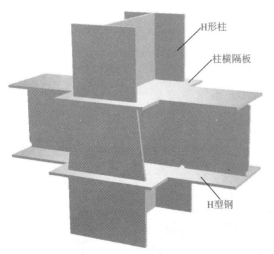

图 2-63　H 形柱变截面节点（八）三维图

图 2-64　柱上节点现场图片

表 2-2　参数取值

参数名称	参数取值/mm 限制值［参考值］
L_b	梁连接长度： $\geq \max\ (300,\ xx)$ $[\max\ (300,\ xx)]$ xx——腹板拼接板长度/2 + 35

表 2-3　节点钢板厚度

板厚符号	板厚取值/mm	材质要求
t_0	柱贯通隔板厚度：取各方向梁 t_f 的最大值，且 $t_0 \geq t_{cf}$	与梁相同
t_{cf}	柱翼缘厚度	与柱相同
t_{cw}	柱腹板厚度	与柱相同

设计说明要点：

柱截面壁厚不大于梁翼缘贯通板厚度。

施工工艺要点：

当采用焊接时，通常采用完全焊透的坡口对接焊缝连接。

◀ 第三节　梁与柱连接 ▶

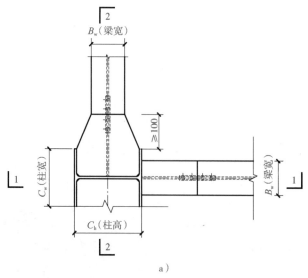

图 2-65　框架梁柱刚接标准连接节点示意图
a）平面图

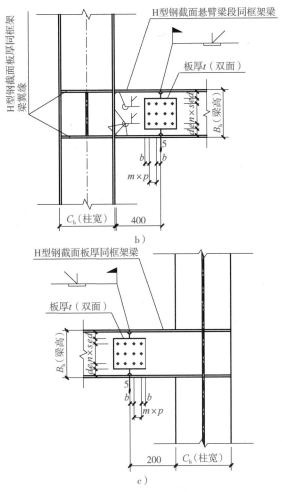

图 2-65　框架梁柱刚接标准连接节点示意图（续）

b）1—1 剖面图　c）2—2 剖面图

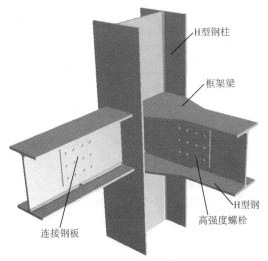

图 2-66　框架梁柱刚接标准连接节点三维图

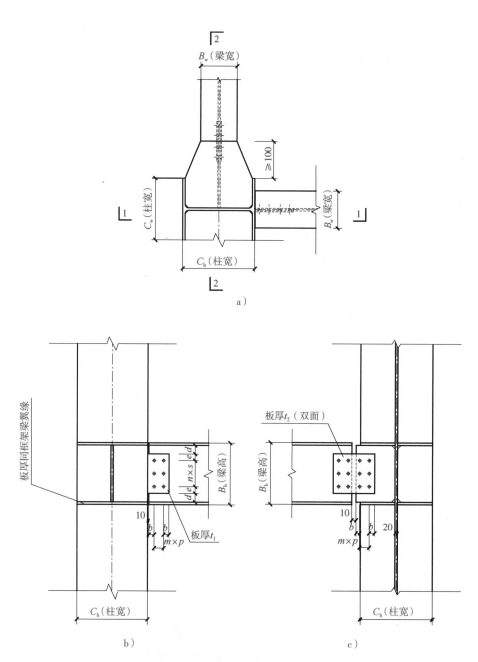

图 2-67 框架梁柱铰接标准连接节点示意图

a)平面图 b)1—1剖面图 c)2—2剖面图

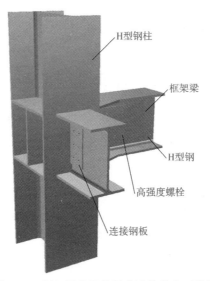

图 2-68　框架梁柱铰接标准连接节点三维图

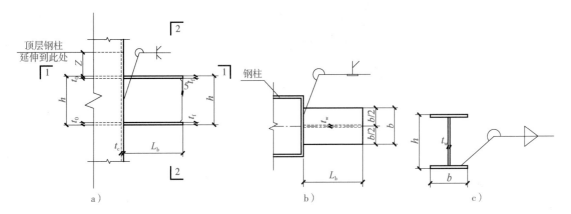

图 2-69　箱形柱-梁节点（一）示意图

a）立面图　b）1—1 剖面图　c）2—2 剖面图

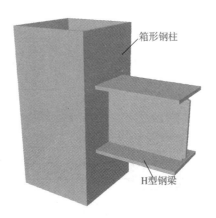

图 2-70　箱形柱-梁节点（一）三维图

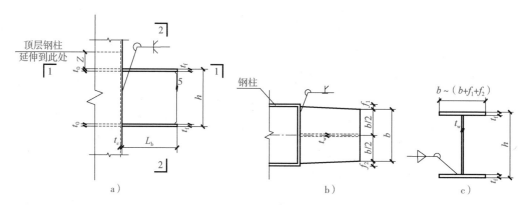

图 2-71　箱形柱-梁节点（二）示意图
a）立面图　b）1—1 剖面图　c）2—2 剖面图

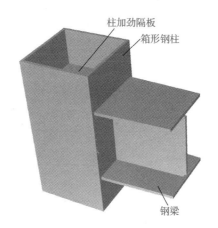

图 2-72　箱形柱-梁节点（二）三维图

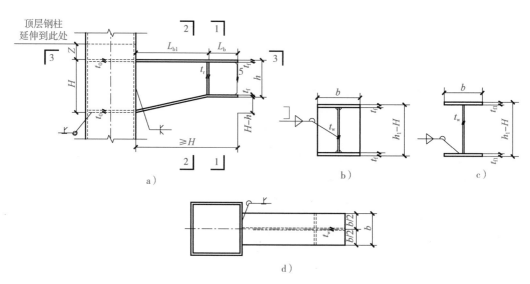

图 2-73　箱形柱-梁节点（三）示意图
a）立面图　b）1—1 剖面图　c）2—2 剖面图　d）3—3 剖面图

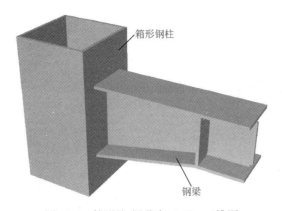

图 2-74　箱形柱-梁节点（三）三维图

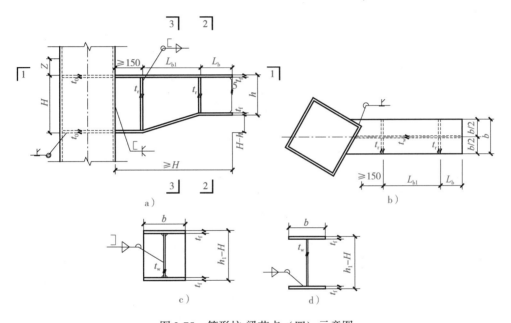

图 2-75　箱形柱-梁节点（四）示意图

a）立面图　b）1—1 剖面图　c）2—2 剖面图　d）3—3 剖面图

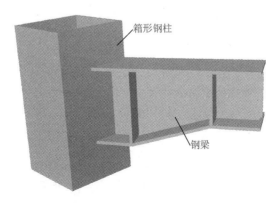

图 2-76　箱形柱-梁节点（四）三维图

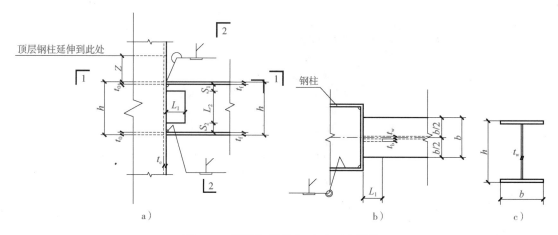

图 2-77　箱形柱-梁节点（五）示意图

a) 立面图　b) 1—1 剖面图　c) 2—2 剖面图

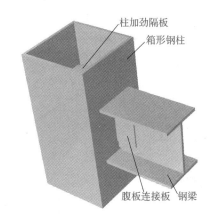

图 2-78　箱形柱-梁节点（五）三维图

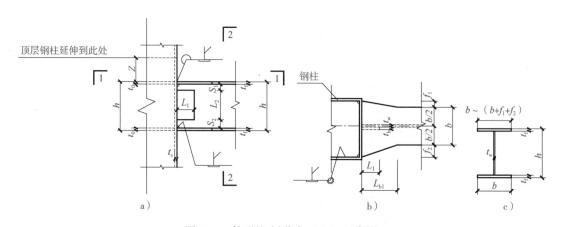

图 2-79　箱形柱-梁节点（六）示意图

a) 立面图　b) 1—1 剖面图　c) 2—2 剖面图

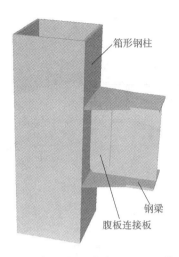

图 2-80 箱形柱-梁节点（六）三维图

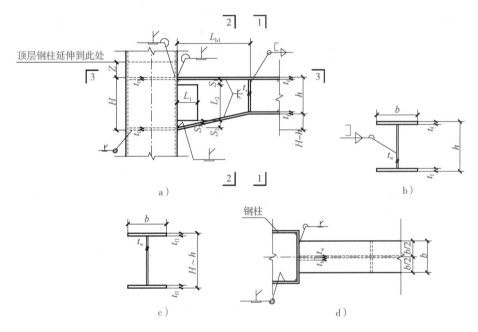

图 2-81 箱形柱-梁节点（七）示意图

a）立面图 b）1—1 剖面图 c）2—2 剖面图 d）3—3 剖面图

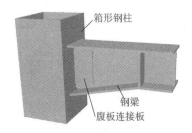

图 2-82 箱形柱-梁节点（七）三维图

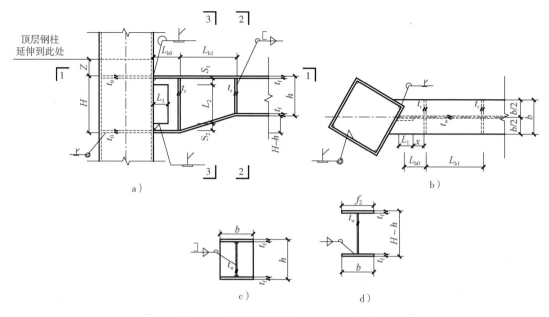

图 2-83　箱形柱-梁节点（八）示意图

a）立面图　b）1—1 剖面图　c）2—2 剖面图　d）3—3 剖面图

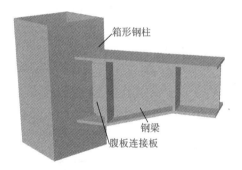

图 2-84　箱形柱-梁节点（八）三维图

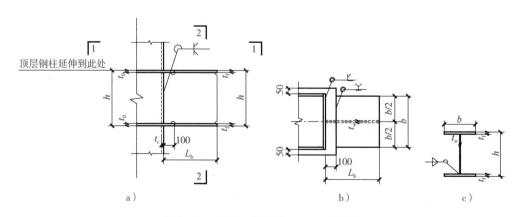

图 2-85　箱形柱-梁节点（九）示意图

a）立面图　b）1—1 剖面图　c）2—2 剖面图

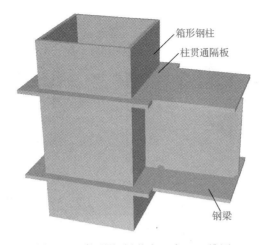

图 2-86 箱形柱-梁节点（九）三维图

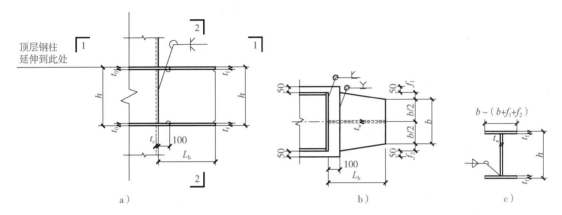

图 2-87 箱形柱-梁节点（十）示意图
a) 立面图　b) 1—1 剖面图　c) 2—2 剖面图

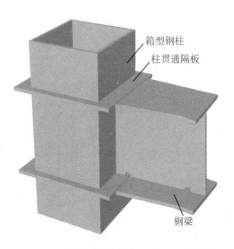

图 2-88 箱形柱-梁节点（十）三维图

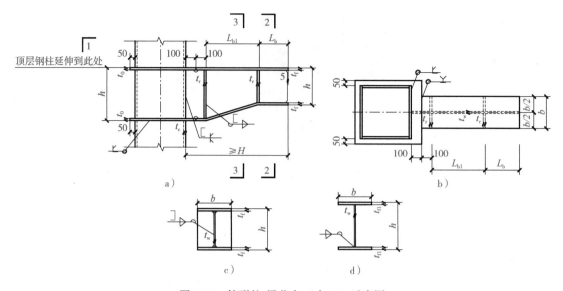

图 2-89　箱形柱-梁节点（十一）示意图

a）立面图　b）1—1 剖面图　c）2—2 剖面图　d）3—3 剖面图

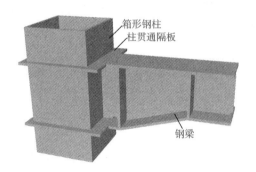

图 2-90　箱形柱-梁节点（十一）三维图

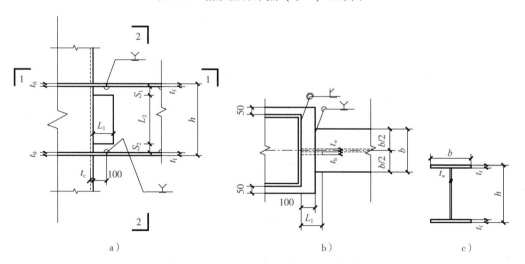

图 2-91　箱形柱-梁节点（十二）示意图

a）立面图　b）1—1 剖面图　c）2—2 剖面图

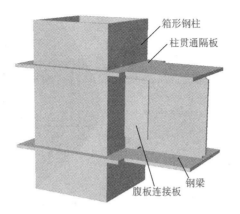

图 2-92　箱形柱-梁节点（十二）三维图

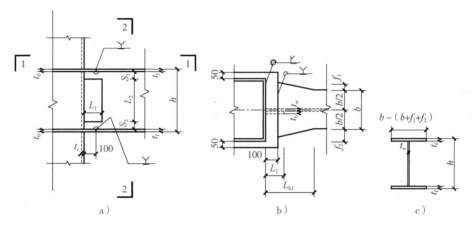

a）　　　　　　　　　　b）　　　　　　　　　c）

图 2-93　箱形柱-梁节点（十三）示意图

a）立面图　b）1—1 剖面图　c）2—2 剖面图

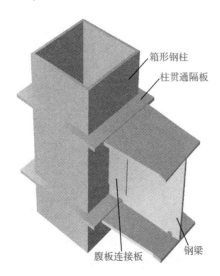

图 2-94　箱形柱-梁节点（十三）三维图

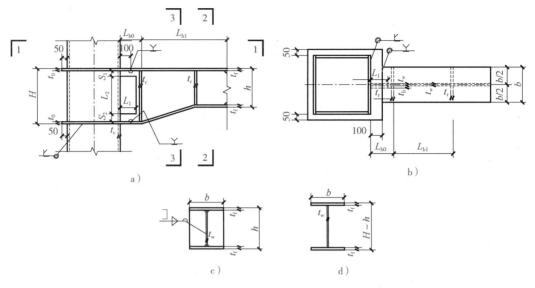

图 2-95　箱形柱-梁节点（十四）示意图

a）立面图　b）1—1 剖面图　c）2—2 剖面图　d）3—3 剖面图

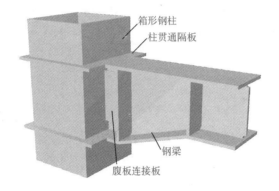

图 2-96　箱形柱-梁节点（十四）三维图

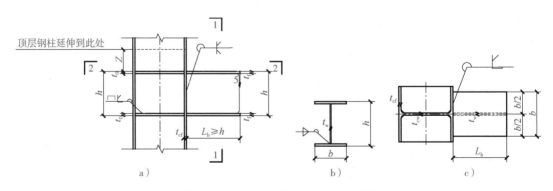

图 2-97　H 形柱-梁节点（一）示意图

a）立面图　b）1—1 剖面图　c）2—2 剖面图

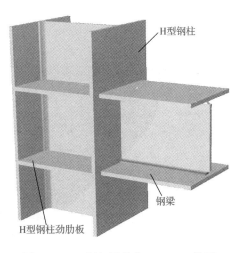

图 2-98 H 形柱-梁节点（一）三维图

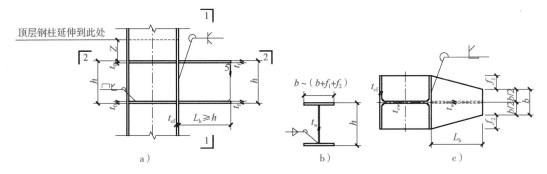

图 2-99 H 形柱-梁节点（二）示意图

a）立面图 b）1—1 剖面图 c）2—2 剖面图

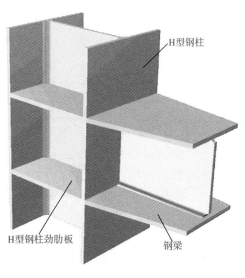

图 2-100 H 形柱-梁节点（二）三维图

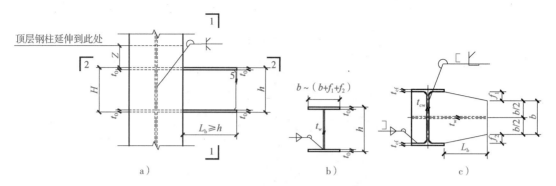

图 2-101　H 形柱-梁节点（三）示意图
a) 立面图　b) 1—1 剖面图　c) 2—2 剖面图

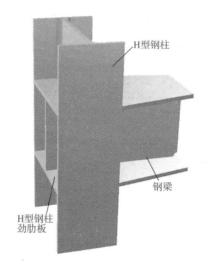

图 2-102　H 形柱-梁节点（三）三维图

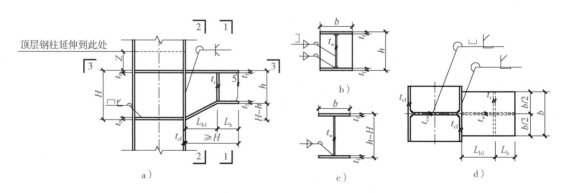

图 2-103　H 形柱-梁节点（四）示意图
a) 立面图　b) 1—1 剖面图　c) 2—2 剖面图　d) 3—3 剖面图

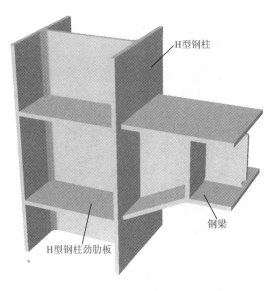

图 2-104 H 形柱-梁节点（四）三维图

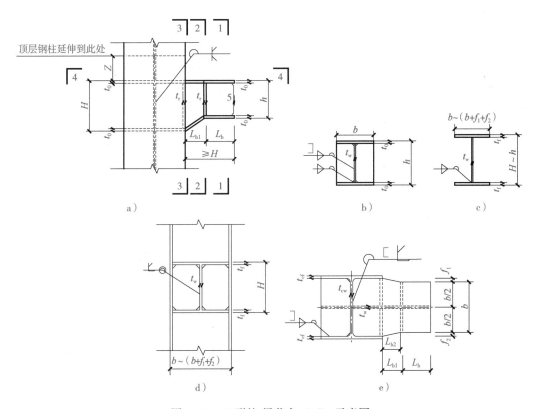

图 2-105 H 形柱-梁节点（五）示意图

a）立面图 b）1—1 剖面图 c）2—2 剖面图 d）3—3 剖面图 e）4—4 剖面图

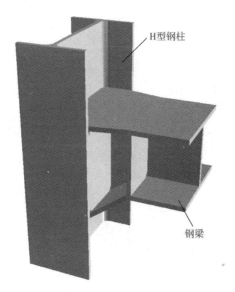

图 2-106　H 形柱-梁节点（五）三维图

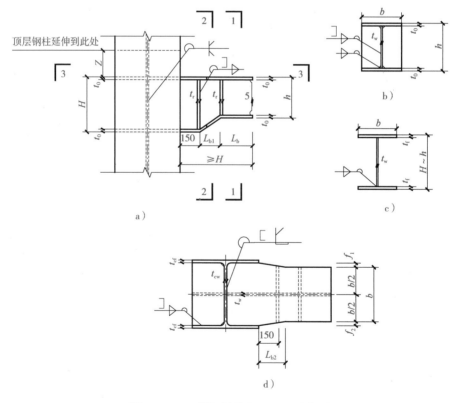

图 2-107　H 形柱-梁节点（六）示意图
a）立面图　b）1—1 剖面图　c）2—2 剖面图　d）3—3 剖面图

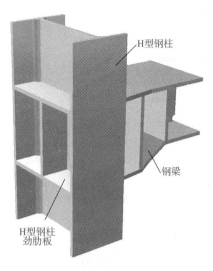

图 2-108　H 形柱-梁节点（六）三维图

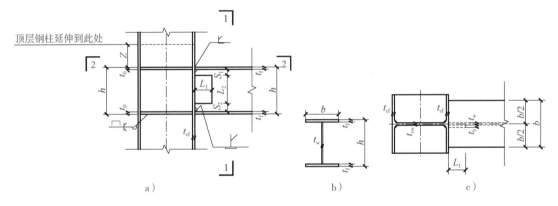

图 2-109　H 形柱-梁节点（七）示意图

a）立面图　b）1—1 剖面图　c）2—2 剖面图

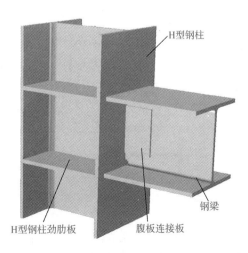

图 2-110　H 形柱-梁节点（七）三维图

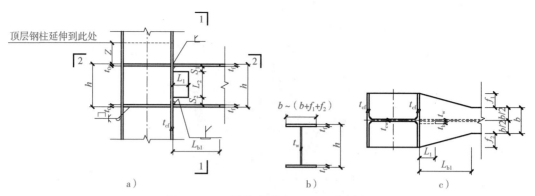

图 2-111　H 形柱-梁节点（八）示意图

a）立面图　b）1—1 剖面图　c）2—2 剖面图

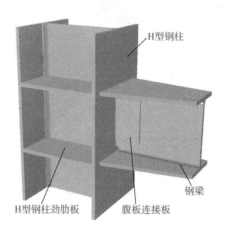

图 2-112　H 形柱-梁节点（八）三维图

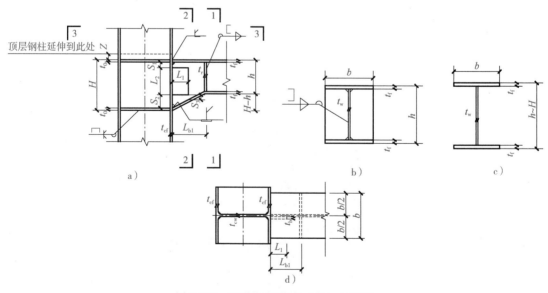

图 2-113　H 形柱-梁节点（九）示意图

a）立面图　b）1—1 剖面图　c）2—2 剖面图　d）3—3 剖面图

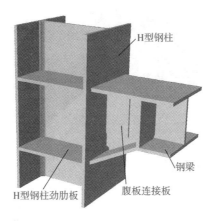

图 2-114　H 形柱-梁节点（九）三维图

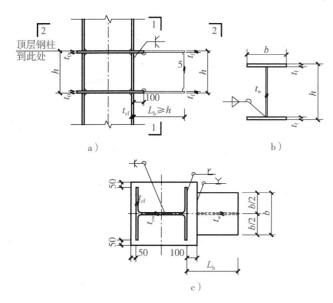

图 2-115　H 形柱-梁节点（十）示意图
a) 立面图　b) 1—1 剖面图　c) 2—2 剖面图

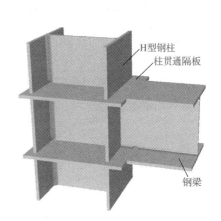

图 2-116　H 形柱-梁节点（十）三维图

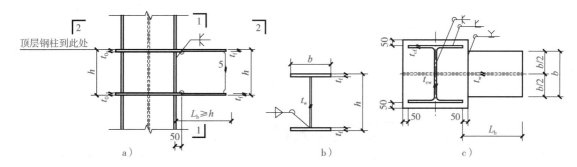

图 2-117　H 形柱-梁节点（十一）示意图
a) 立面图　b) 1—1 剖面图　c) 2—2 剖面图

57

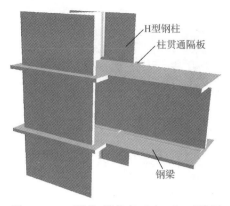

图 2-118 H 形柱-梁节点（十一）三维图

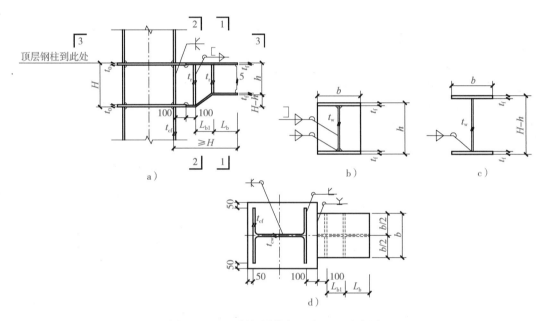

图 2-119 H 形柱-梁节点（十二）示意图

a）立面图 b）1—1 剖面图 c）2—2 剖面图 d）3—3 剖面图

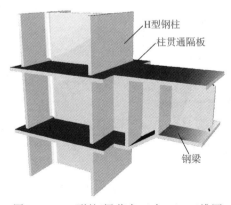

图 2-120 H 形柱-梁节点（十二）三维图

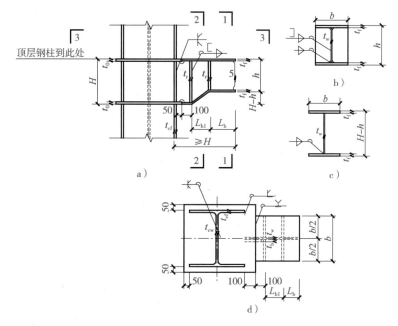

图 2-121 H 形柱-梁节点（十三）示意图

a）立面图　b）1—1 剖面图　c）2—2 剖面图　d）3—3 剖面图

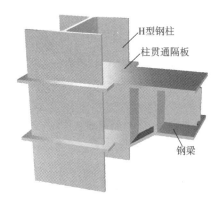

图 2-122 H 形柱-梁节点（十三）三维图

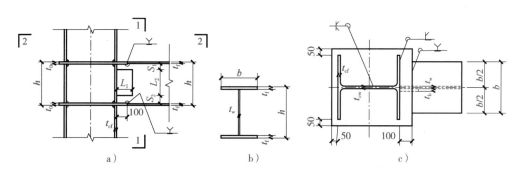

图 2-123 H 形柱-梁节点（十四）示意图

a）立面图　b）1—1 剖面图　c）2—2 剖面图

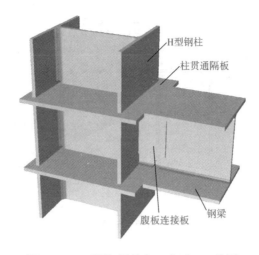

图 2-124　H 形柱-梁节点（十四）三维图

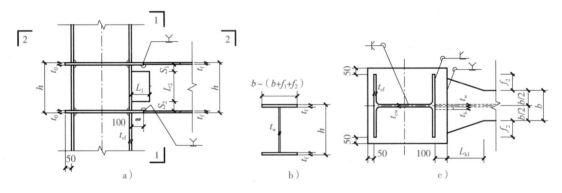

图 2-125　H 形柱-梁节点（十五）示意图
a）立面图　b）1—1 剖面图　c）2—2 剖面图

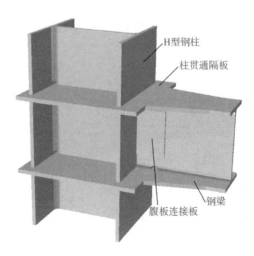

图 2-126　H 形柱-梁节点（十五）三维图

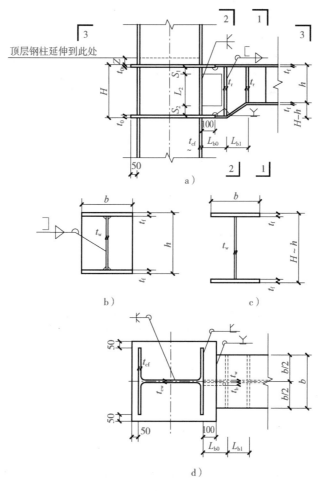

图 2-127　H 形柱-梁节点（十六）示意图

a）立面图　b）1—1 剖面图　c）2—2 剖面图　d）3—3 剖面图

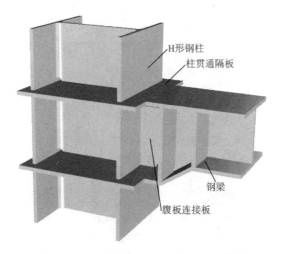

图 2-128　H 形柱-梁节点（十六）三维图

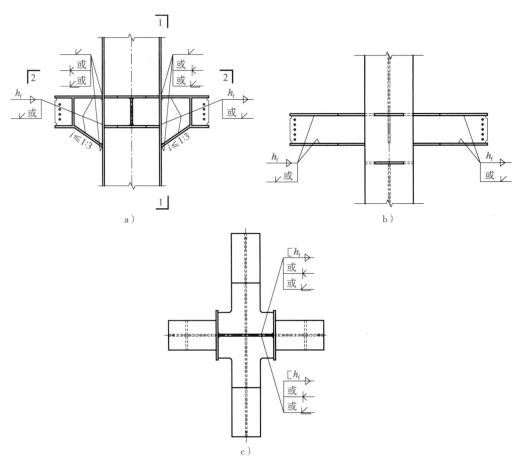

图 2-129　不等高梁连接段与柱的连接段工厂连接示意图
a）立面图　b）1—1 剖面图　c）2—2 剖面图

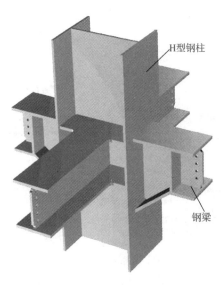

图 2-130　不等高梁连接段与柱的连接段工厂连接三维图

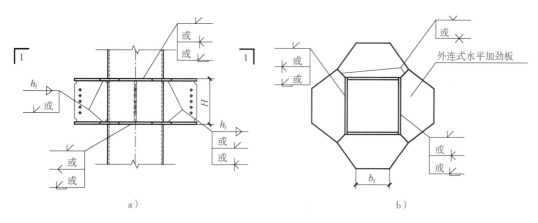

图 2-131　矩形钢管柱与 H 形梁连接段工厂连接示意图

a）立面图　b）1—1 剖面图

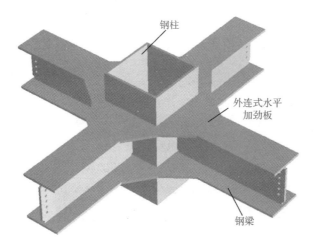

图 2-132　矩形钢管柱与 H 形梁连接段工厂连接三维图

图 2-133　梁柱节点现场图片

表 2-4 节点参数

参数名称	参数取值/mm 限制值 [参考值]
h	梁截面高度
b	梁翼缘宽度
t_f	梁翼缘厚度
t_w	梁腹板厚度
L_1	腹板连接板长度
L_2	腹板连接板高度
s_1	$30 \sim 50$
s_2	$50 \sim 70$
$f_1 \, , f_2$	由梁柱定位关系确定,$f_1 + f_2$ 宜取 $0.2b \sim 0.3b$
L_{b1}	翼缘宽度变化段长度 $L_b \geqslant 4 \times \max \, (f_1, f_2)$ $[4 \times \max \, (f_1, f_2)]$
z	$\geqslant \max \, (30, 1.5t_c) \; [60]$

表 2-5 节点钢板厚度

板厚符号	板厚取值/mm	材质要求
t_0	柱加劲隔板厚度:取各方向 t_f 的最大值	与梁相同
t_c	柱截面壁厚:当 $t_c < t_0$ 时,在梁上下各500范围内取 $t_c = t_0$	与柱相同
t_b	腹板连接板厚度:单剪时,$t_b \geqslant t_w$,宜取 $1.2t_w$;双剪时,$t_b \geqslant 0.7t_w$	与梁相同
t_r	$\geqslant \max \, (0.4t_f, b/30)$	与梁相同

设计说明要点:

(1)基本原则是必须能安全地传递被连接板件的压力(或拉力)、弯矩和剪力等。

(2)通常多采用柱贯通型的连接形式。

施工工艺要点:

(1)梁端与柱的连接全部采用焊缝连接。

(2)梁翼缘与柱的连接采用焊缝连接,梁腹板与柱的连接采用高强度螺栓摩擦型连接。

(3)梁端与柱的连接采用普通T形连接件的高强度螺栓连接。

(4)水平加劲肋与柱翼缘通常采用完全焊透的坡口对接焊缝连接,与柱腹板采用双面角焊缝连接,垂直加劲肋与柱腹板和上下水平加劲肋的连接焊缝,通常采用双面角焊缝,其焊脚尺寸不宜小于 $0.7t_{wc}$。

(5)当柱两侧的梁高度不相等,或垂直相交的两个方向的梁高度不相等时,柱对应于每根梁上下翼缘位置处,均应设置水平加劲肋。

◄ 第四节　梁与梁连接 ►

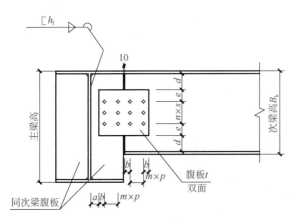

图 2-134　梁-梁铰接标准做法立面图

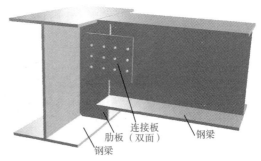

图 2-135　梁-梁铰接标准做法三维图

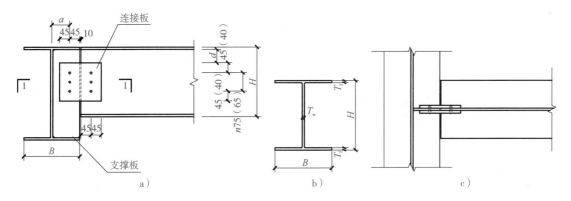

图 2-136　梁-梁铰接（一）示意图

a）立面图　b）次梁剖面图　c）1—1 剖面图

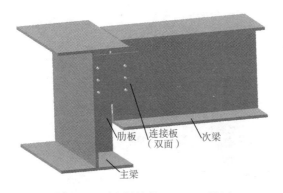

图 2-137　梁-梁铰接（一）三维图

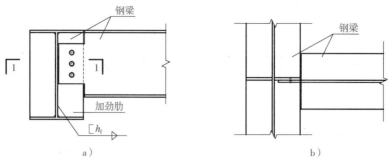

图 2-138　梁-梁铰接（二）示意图

a）立面图　b）1—1 剖面图

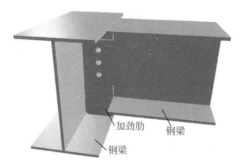

图 2-139　梁-梁铰接（二）三维图

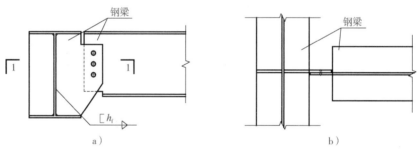

图 2-140　梁-梁铰接（三）示意图

a）立面图　b）1—1 剖面图

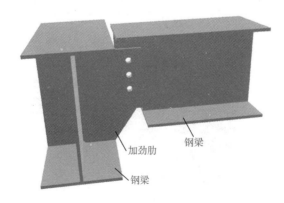

图 2-141　梁-梁铰接（三）三维图

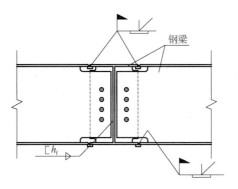

图 2-142 梁-梁刚接（一）立面图

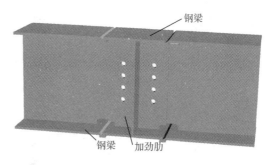

图 2-143 梁-梁刚接（一）三维图

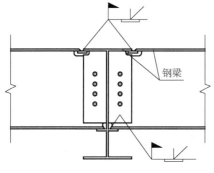

图 2-144 梁-梁刚接（二）立面图

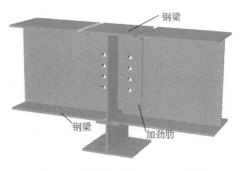

图 2-145 梁-梁刚接（二）三维图

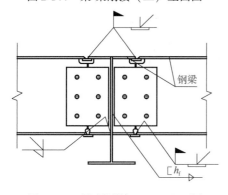

图 2-146 梁-梁刚接（三）立面图

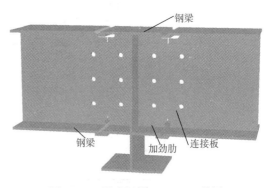

图 2-147 梁-梁刚接（三）三维图

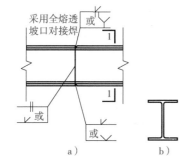

图 2-148 H 型钢梁工厂拼接连接（一）示意图
a）立面图 b）1—1 剖面图

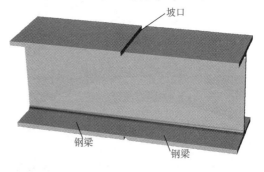

图 2-149 H 型钢梁工厂拼接连接（一）三维图

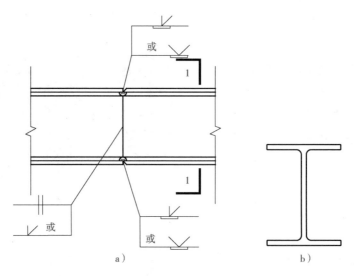

图 2-150　H 型钢梁工厂拼接连接（二）示意图

a）立面图　b）1—1 剖面图

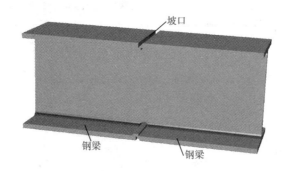

图 2-151　H 型钢梁工厂拼接连接（二）三维图

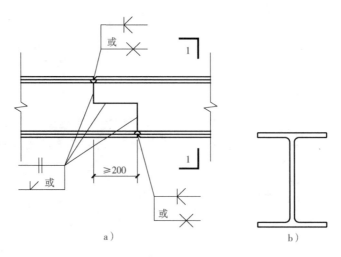

图 2-152　H 型钢梁工厂拼接连接（三）示意图

a）立面图　b）1—1 剖面图

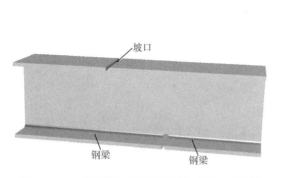

图 2-153　H 型钢梁工厂拼接连接（三）三维图

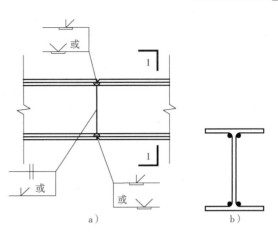

图 2-154　焊接 H 型钢梁工厂拼接连接（一）示意图
a）立面图　b）1—1 剖面图

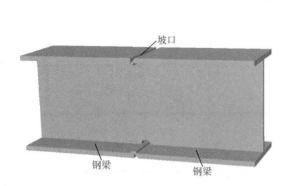

图 2-155　焊接工字钢梁工厂拼接连接（一）三维图

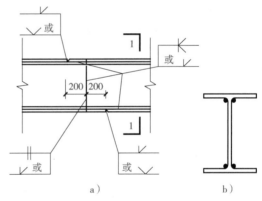

图 2-156　焊接工字钢梁工厂拼接连接（二）示意图
a）立面图　b）1—1 剖面图

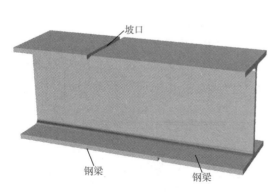

图 2-157　焊接工字钢梁工厂拼接连接（二）三维图

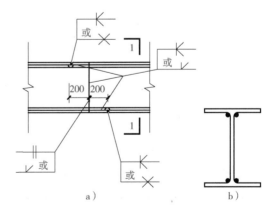

图 2-158　焊接工字钢梁工厂拼接连接（三）示意图
a）立面图　b）1—1 剖面图

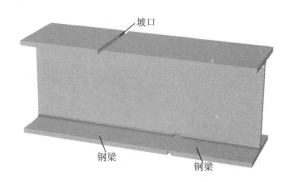

图 2-159 焊接 H 型钢梁工厂拼接连接(三)三维图

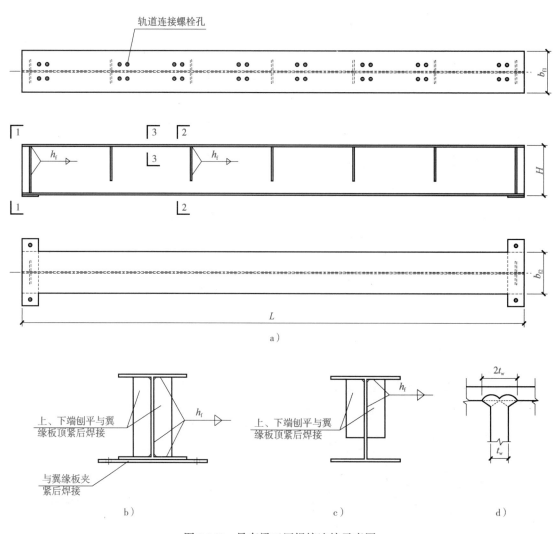

图 2-160 吊车梁工厂焊接连接示意图

a)平面图 b)1—1 剖面图 c)2—2 剖面图 d)3—3 剖面图

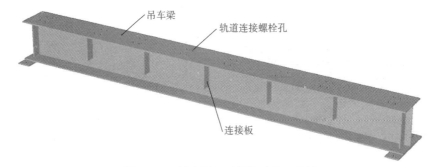

图 2-161　吊车梁工厂焊接连接三维图

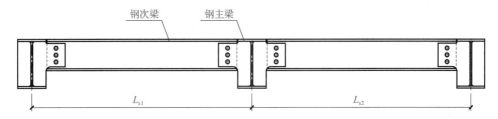

图 2-162　简支组合梁节点连接立面图

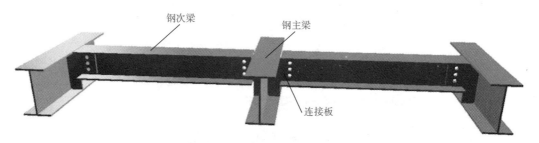

图 2-163　简支组合梁节点连接三维图

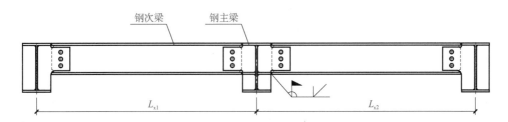

图 2-164　连续组合梁节点连接立面图

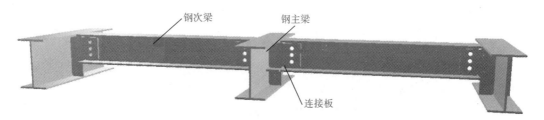

图 2-165　连续组合梁节点连接三维图

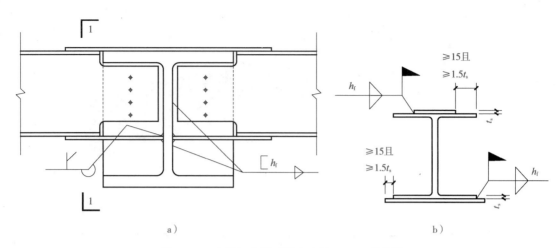

图 2-166　次梁与主梁不等高连接（一）示意图

a）立面图　b）1—1 剖面图

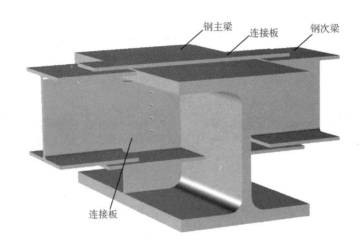

图 2-167　次梁与主梁不等高连接（一）三维图

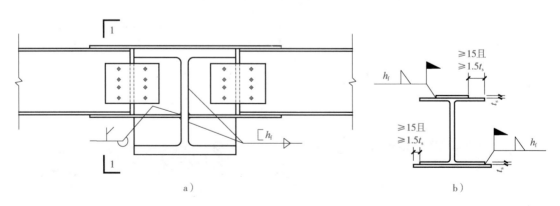

图 2-168　次梁与主梁不等高连接（二）示意图

a）立面图　b）1—1 剖面图

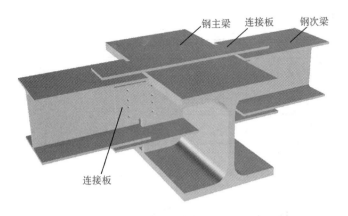

图 2-169　次梁与主梁不等高连接（二）三维图

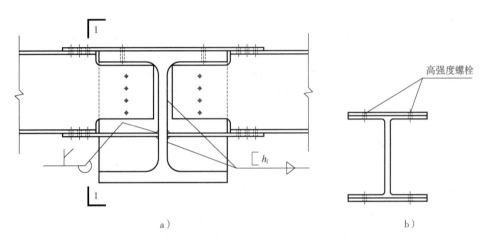

a）

b）

图 2-170　次梁与主梁不等高连接（三）示意图

a）立面图　b）1—1 剖面图

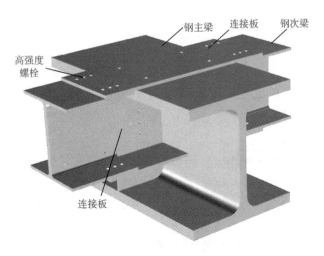

图 2-171　次梁与主梁不等高连接（三）三维图

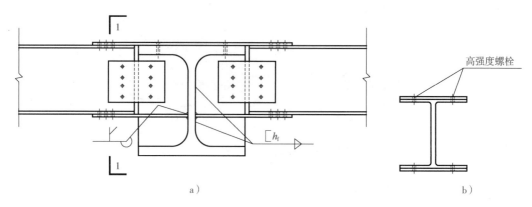

图 2-172 　次梁与主梁不等高连接（四）示意图
a）立面图　b）1—1 剖面图

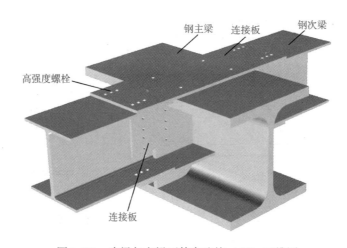

图 2-173 　次梁与主梁不等高连接（四）三维图

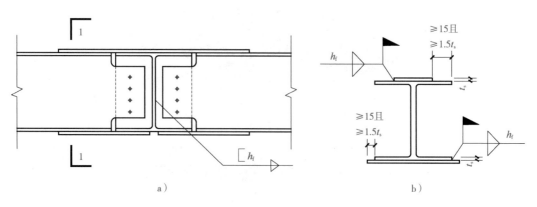

图 2-174 　次梁与主梁等高连接（一）示意图
a）立面图　b）1—1 剖面图

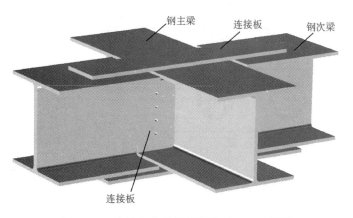

图 2-175　次梁与主梁等高连接（一）三维图

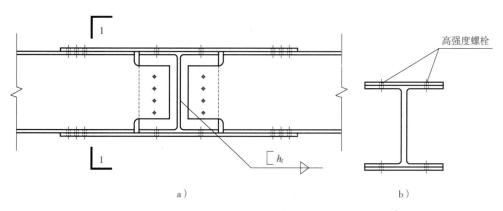

a）　　　　　　　　　　　　　　　b）

图 2-176　次梁与主梁等高连接（二）示意图

a）立面图　b）1—1 剖面图

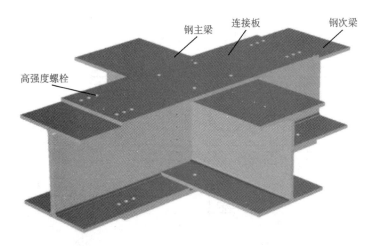

图 2-177　次梁与主梁等高连接（二）三维图

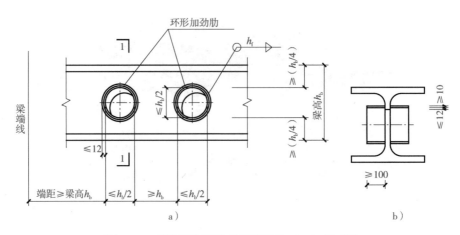

图 2-178 梁腹板圆形孔的补强措施（一）示意图
（用环形加劲肋补强）

a）立面图 b）1—1 剖面图

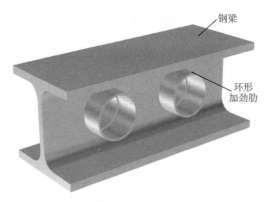

图 2-179 梁腹板圆形孔的补强措施（一）三维图
（用环形加劲肋补强）

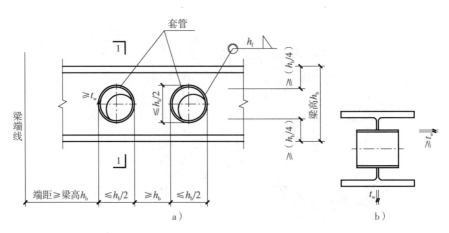

图 2-180 梁腹板圆形孔的补强措施（二）示意图
（用套管补强）

a）立面图 b）1—1 剖面图

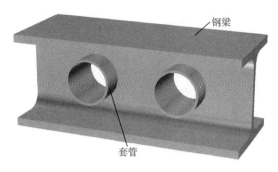

图 2-181 梁腹板圆形孔的补强措施（二）三维图
（用套管补强）

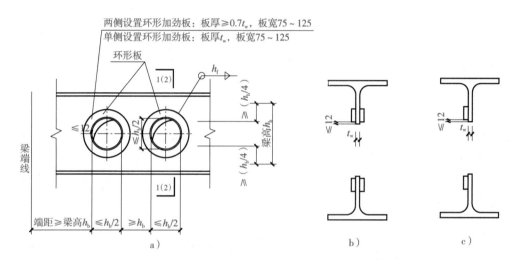

图 2-182 梁腹板圆形孔的补强措施（三）示意图
（用环形板补强）

a）立面图 b）1—1 两侧加劲剖面图 c）2—2 单侧加劲剖面图

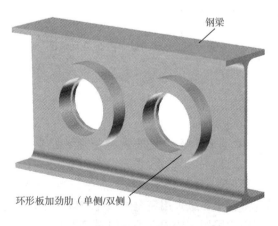

图 2-183 梁腹板圆形孔的补强措施（三）三维图
（用环形板补强）

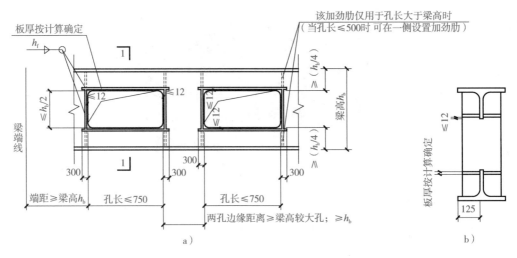

图 2-184　梁腹板矩形孔的补强措施示意图
(用加劲肋补强)
a)立面图　b)1—1剖面图

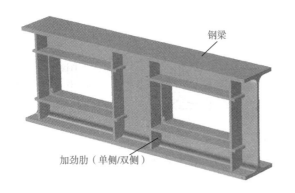

图 2-185　梁腹板矩形孔的补强措施三维图
(用加劲肋补强)

图 2-186　梁与梁连接节点现场图片

表 2-6　主次梁连接螺栓布置及规格

梁编号	梁高 B_h/mm	a/mm	b/mm	d/mm	e/mm	$n \times s$/mm	$m \times p$/mm	螺栓	t/mm	h_{fl}/mm
CL1 CL2	400	20	40	35	45	$3 \times 80 = 240$	单列	M20	8	6

设计说明要点:

(1)设计梁的拼接时,除了满足连接处的强度和刚度的要求外,还应考虑施工安装的方便。

(2)在 H 形(或工字形)截面梁的拼接连接节点中,当为刚性连接时,通常翼缘和腹板均采用高强度螺栓摩擦型连接,或翼缘采用完全焊透的坡口对接焊缝连接,腹板采用高强度螺栓摩擦型连接,或翼缘与腹板均采用完全焊透的坡口对接焊缝连接。

(3)次梁两端与主梁的连接采用铰接连接还是刚性连接,应根据具体情况而定。

(4)补强的设计原则一般可考虑梁腹板开洞处截面上的作用弯矩由翼缘承担,剪力由开洞腹板和补强板件共同承担。圆形孔直径≤1/3（或<1/3）梁高时，可不予加强；当>1/3梁高时，可用环形加劲肋加强，或用套管，或用环形补强板加强。当梁腹板的开洞为矩形孔且孔洞较大时，孔洞将对梁的承载力有较大影响，一般情况下，矩形孔的孔宽不宜大于1/2梁高，孔长不得大于750mm；当矩形孔长度大于梁高时，其横向加劲肋应沿梁全高设置；矩形加劲肋截面不宜小于125mm×18mm，当孔长大于500mm时，应在梁的腹板两侧设置加劲肋。

施工工艺要点：

（1）梁与梁拼接时，可采用焊接或高强度螺栓连接，根据具体情况而定。

（2）梁翼缘或腹板的拼接，应采用1级或2级对接焊缝，施焊时设置引弧板和引出板，割去处应打磨平整。

（3）重级工作制吊车梁的受拉翼缘边缘，宜采用自动精密气割，当用手工割或剪断机切割时，应沿全长刨边，冲成孔应用钻机扩孔。

（4）重级工作制和起重量$Q \geqslant 0.5t$的中级工作制（A3~A5级）吊车梁腹板与上翼缘的连接应采用全焊透对接与角接组合焊缝的T形接头，焊缝质量不低于2级。

（5）腹板的拼接焊缝与横向加劲肋之间至少相距$10t_w$。

◀ 第五节　钢架连接 ▶

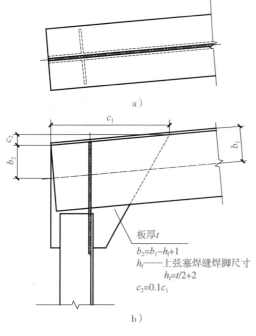

图2-187　屋架节点（一）示意图
a）平面图　b）立面图

板厚t
$b_2 = b_1 - h_f + 1$
h_f——上弦塞焊缝焊脚尺寸
$h_f = t/2 + 2$
$c_2 = 0.1c_1$

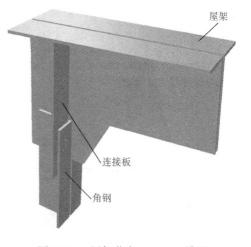

图2-188　屋架节点（一）三维图

屋架
连接板
角钢

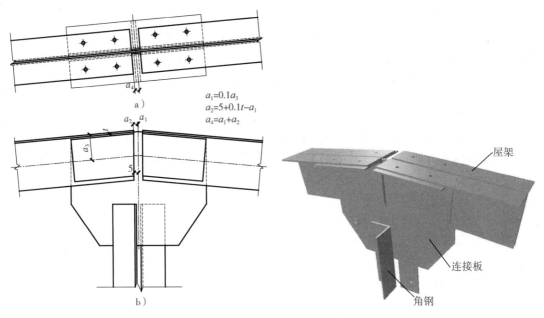

$a_1 = 0.1a_3$
$a_2 = 5 + 0.1t - a_1$
$a_4 = a_1 + a_2$

图 2-189 屋架节点（二）示意图

a）平面图 b）立面图

图 2-190 屋架节点（二）三维图

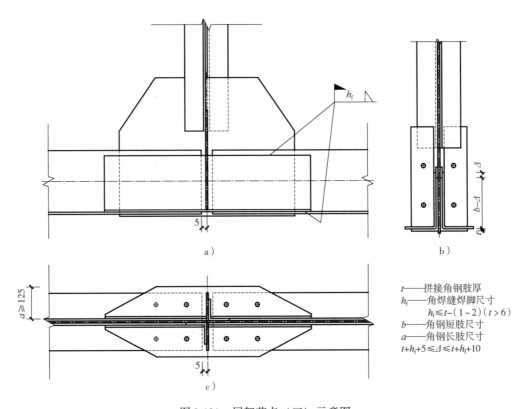

t——拼接角钢肢厚
h_f——角焊缝焊脚尺寸
$\quad h_f \leqslant t - (1 \sim 2)(t > 6)$
b——角钢短肢尺寸
a——角钢长肢尺寸
$t + h_f + 5 \leqslant \Delta \leqslant t + h_f + 10$

图 2-191 屋架节点（三）示意图

a）立面图 b）侧面图 c）平面图

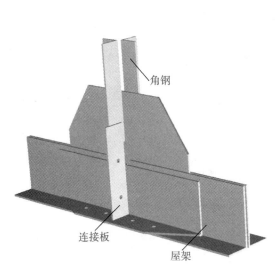

图 2-192　屋架节点（三）三维图

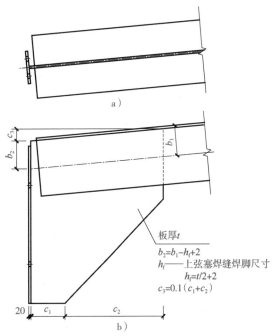

图 2-193　屋架节点（四）示意图
a）平面图　b）立面图

$b_2 = b_1 - h_f + 2$
h_f——上弦塞焊缝焊脚尺寸
$h_f = t/2 + 2$
$c_3 = 0.1(c_1 + c_2)$

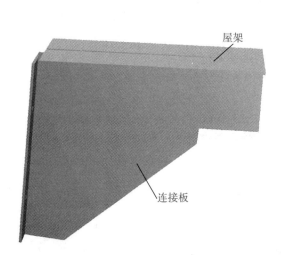

图 2-194　屋架节点（四）三维图

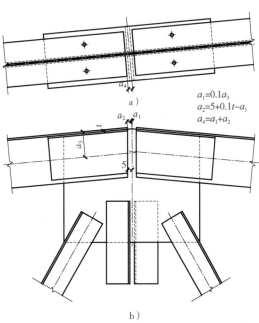

图 2-195　屋架节点（五）示意图
a）平面图　b）立面图

$a_1 = 0.1a_3$
$a_2 = 5 + 0.1t - a_1$
$a_4 = a_1 + a_2$

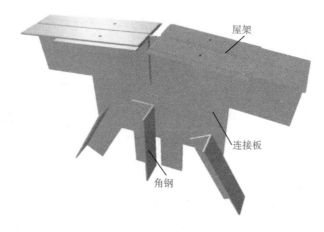

图 2-196　屋架节点（五）三维图

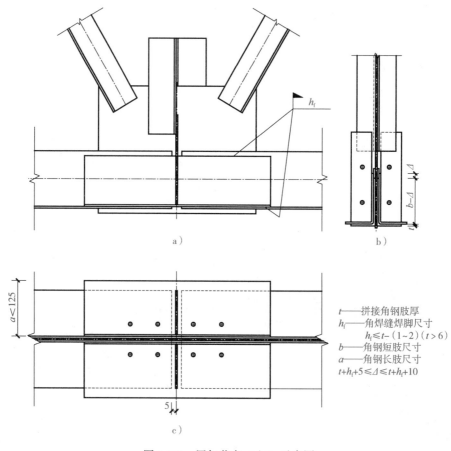

图 2-197　屋架节点（六）示意图
a）立面图　b）侧面图　c）平面图

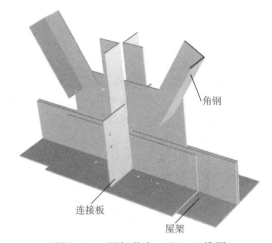

图 2-198　屋架节点（六）三维图

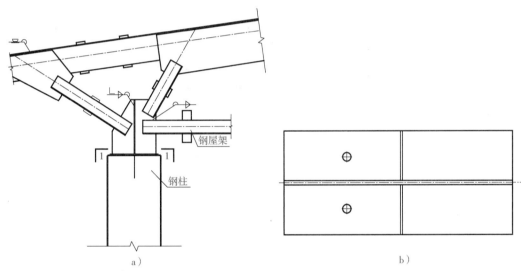

a）

b）

图 2-199　钢屋架与钢柱连接（一）示意图

a）立面图　b）1—1 剖面图

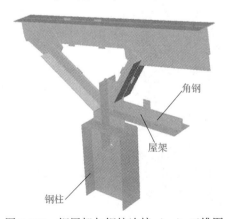

图 2-200　钢屋架与钢柱连接（一）三维图

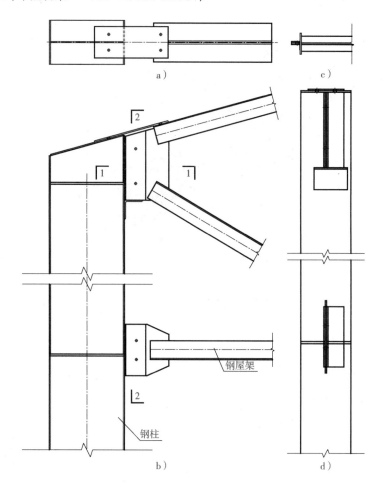

图 2-201 钢屋架与钢柱连接（二）示意图

a）平面图 b）立面图 c）1—1 剖面图 d）2—2 剖面图

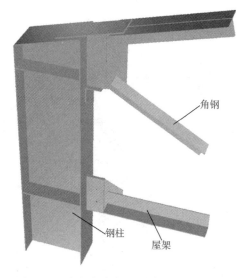

图 2-202 钢屋架与钢柱连接（二）三维图

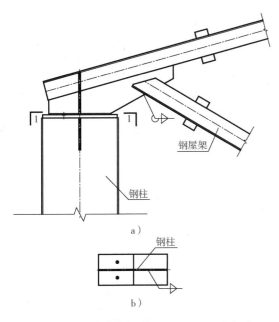

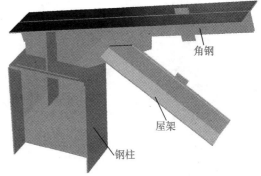

图 2-203　钢屋架与钢柱连接（三）示意图
a）立面图　b）1—1 剖面图

图 2-204　钢屋架与钢柱连接（三）三维图

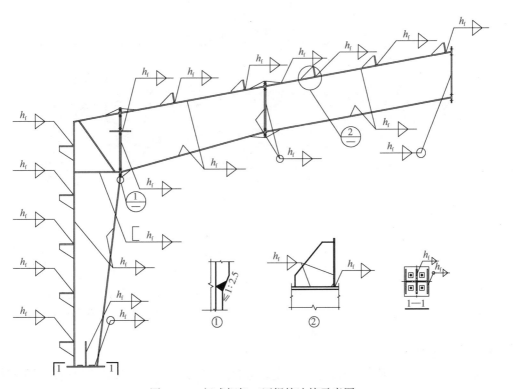

图 2-205　门式钢架工厂焊接连接示意图

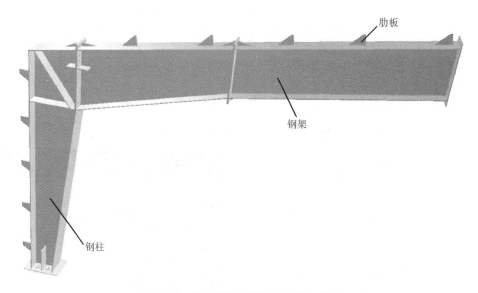

图 2-206 门式钢架工厂焊接连接三维图

图 2-207 钢架现场图片

设计说明要点：

（1）上升式屋架与柱刚接节点采用普通 C 级螺栓加支托的连接形式。

（2）在门式钢架中，受压翼缘的螺栓不宜少于 2 排，当受拉翼缘两侧各设置一排螺栓尚不能满足承载力要求时，可在翼缘内侧增设螺栓，间距可取 75mm，且不小于 3 倍螺栓孔径。

（3）与斜梁端板连接的柱翼缘部分应与端板等厚度。当端板上两对螺栓间的最大距离大于 400mm 时，应在端板的中部增设一对螺栓。

施工工艺要点：

钢架构件的翼缘与端板的连接应采用全熔透对接焊缝，腹板与端板的连接应采用角对接组合焊缝或腹板等强的角焊缝，坡口形式应符合现行国家标准。

◀ 第六节　支撑连接 ▶

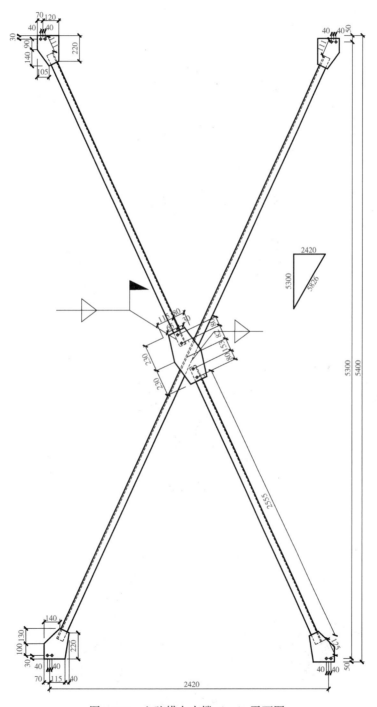

图 2-208　上弦横向支撑（一）平面图

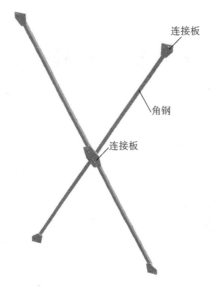

连接板

角钢

连接板

图 2-209　上弦横向支撑（一）三维图

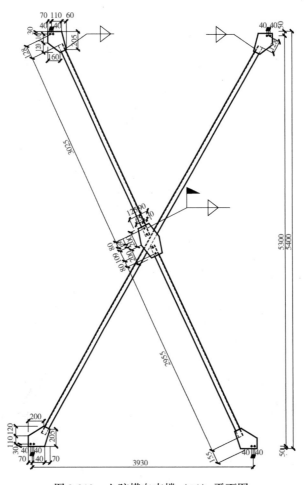

图 2-210　上弦横向支撑（二）平面图

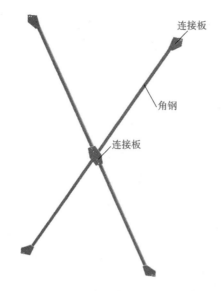

图 2-211　上弦横向支撑（二）三维图

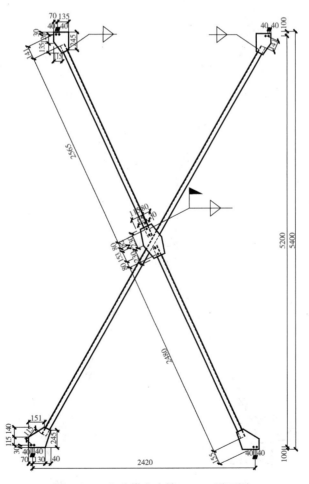

图 2-212　上弦横向支撑（三）平面图

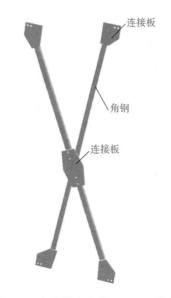

图 2-213 上弦横向支撑（三）三维图

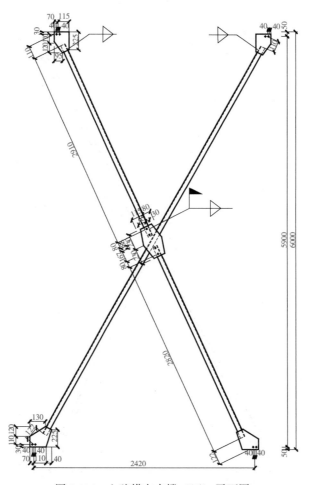

图 2-214 上弦横向支撑（四）平面图

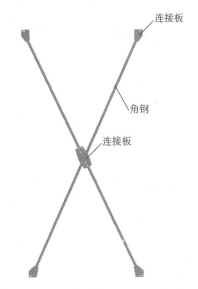

图 2-215　上弦横向支撑（四）三维图

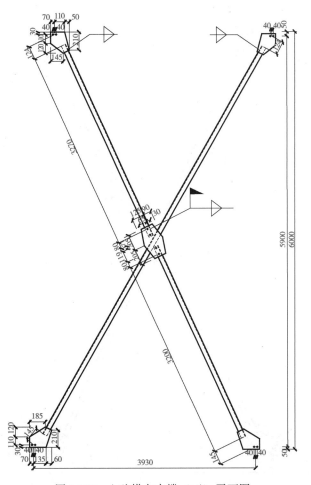

图 2-216　上弦横向支撑（五）平面图

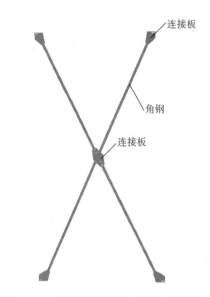

图 2-217　上弦横向支撑（五）三维图

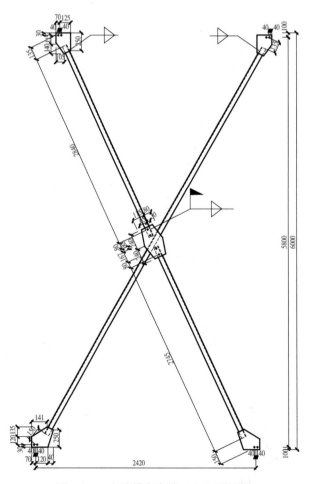

图 2-218　上弦横向支撑（六）平面图

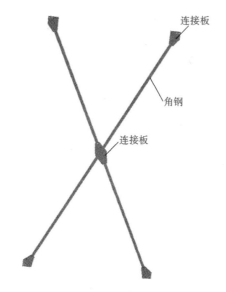

图 2-219　上弦横向支撑（六）三维图

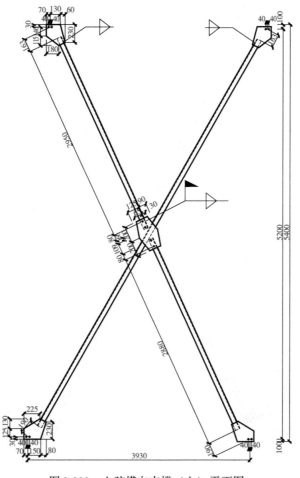

图 2-220　上弦横向支撑（七）平面图

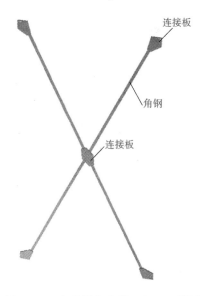

连接板

角钢

连接板

图 2-221 上弦横向支撑（七）三维图

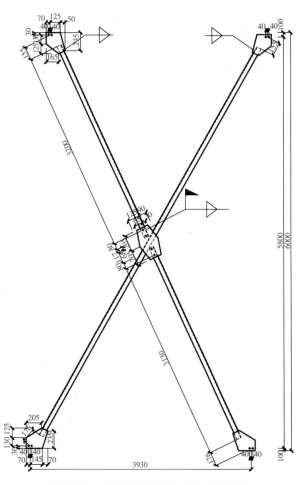

图 2-222 上弦横向支撑（八）平面图

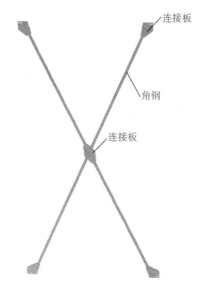

图 2-223　上弦横向支撑（八）三维图

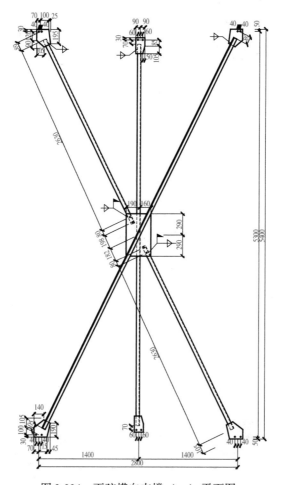

图 2-224　下弦横向支撑（一）平面图

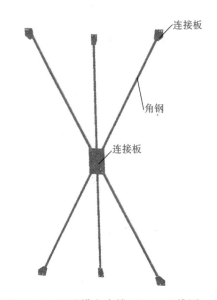

图 2-225　下弦横向支撑（一）三维图

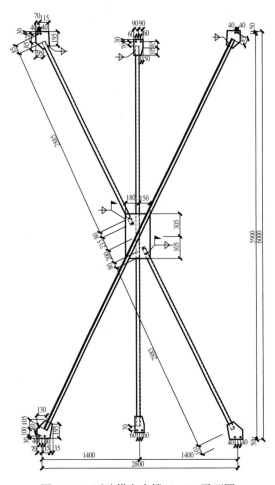

图 2-226　下弦横向支撑（二）平面图

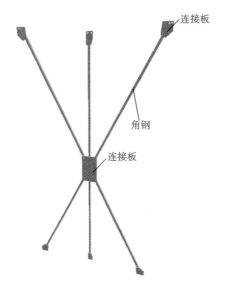

图 2-227　下弦横向支撑（二）三维图

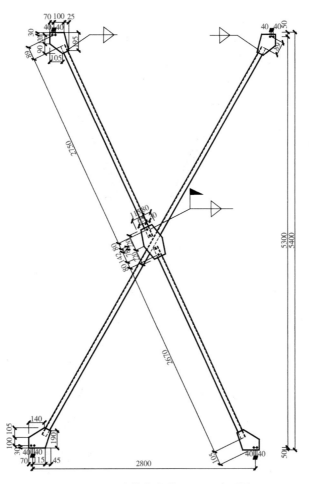

图 2-228　下弦横向支撑（三）平面图

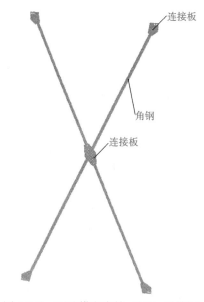

图 2-229　下弦横向支撑（三）三维图

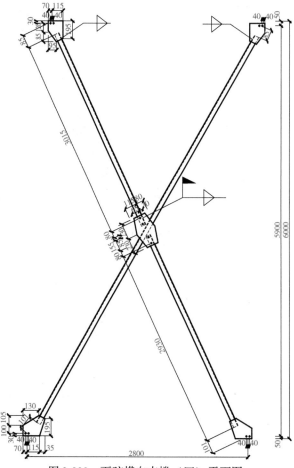

图 2-230　下弦横向支撑（四）平面图

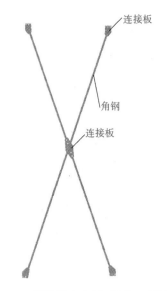

图 2-231　下弦横向支撑（四）三维图

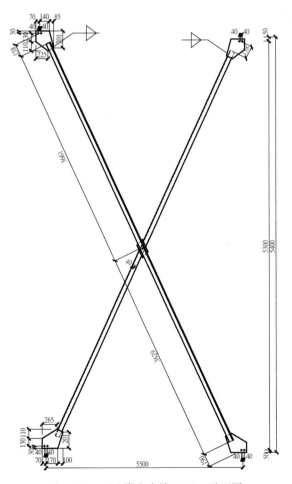

图 2-232　下弦横向支撑（五）平面图

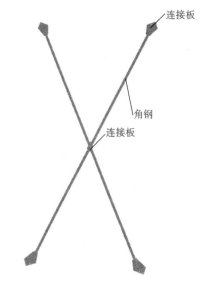

图 2-233　下弦横向支撑（五）三维图

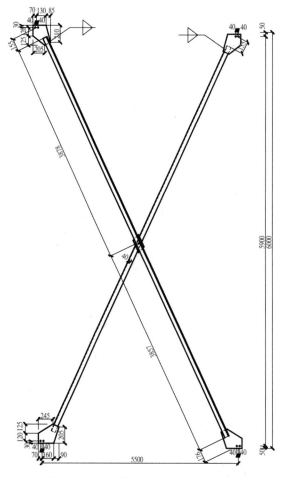

图 2-234　下弦横向支撑（六）平面图

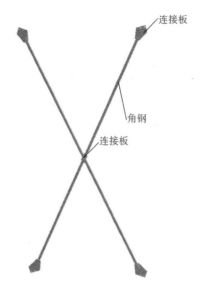

图 2-235 下弦横向支撑（六）三维图

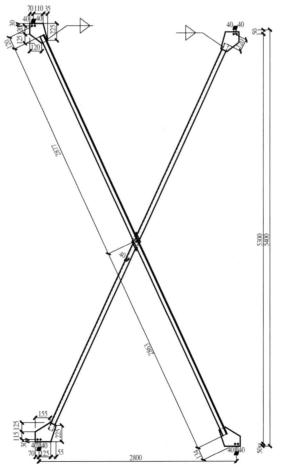

图 2-236 下弦横向支撑（七）平面图

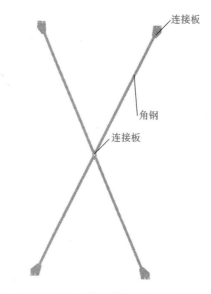

图 2-237　下弦横向支撑（七）三维图

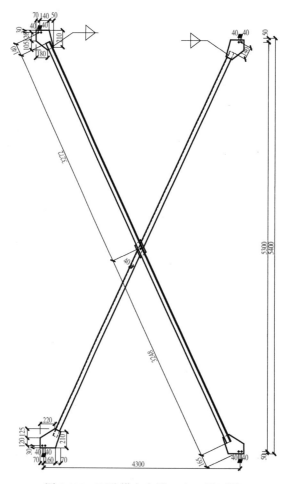

图 2-238　下弦横向支撑（八）平面图

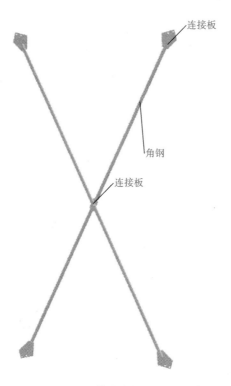

图 2-239　下弦横向支撑（八）三维图

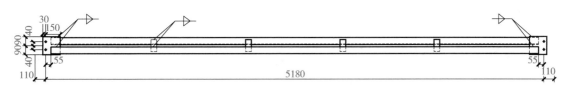

图 2-240　下弦横向支撑-钢架梁柱间系杆（一）平面图

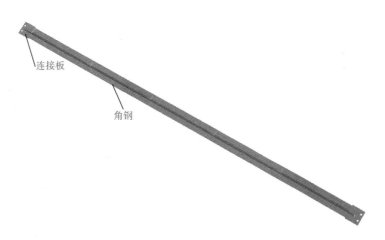

图 2-241　下弦横向支撑-钢架梁柱间系杆（一）三维图

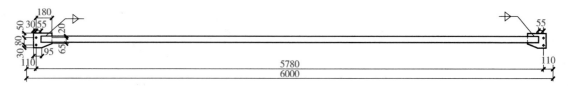

图 2-242 下弦横向支撑-钢架梁柱间系杆 (二) 平面图

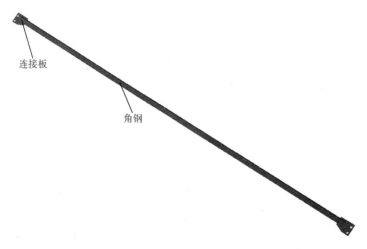

图 2-243 下弦横向支撑-钢架梁柱间系杆 (二) 三维图

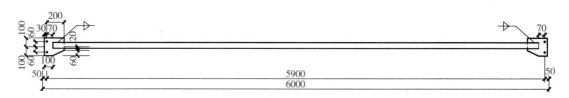

图 2-244 下弦横向支撑-钢架梁柱间系杆 (三) 平面图

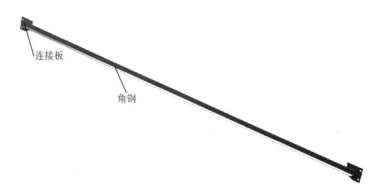

图 2-245 下弦横向支撑-钢架梁柱间系杆 (三) 三维图

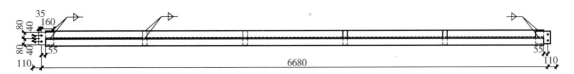

图 2-246 下弦横向支撑-钢架梁柱间系杆（四）平面图

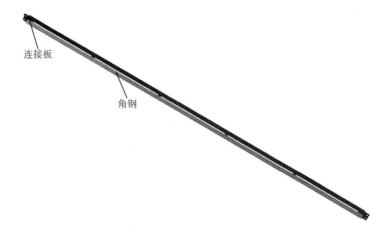

图 2-247 下弦横向支撑-钢架梁柱间系杆（四）三维图

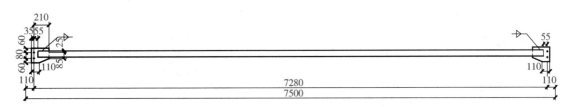

图 2-248 下弦横向支撑-钢架梁柱间系杆（五）平面图

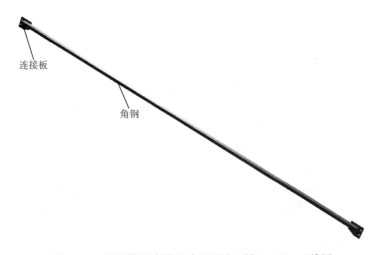

图 2-249 下弦横向支撑-钢架梁柱间系杆（五）三维图

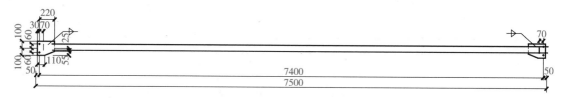

图 2-250　下弦横向支撑-钢架梁柱间系杆（六）平面图

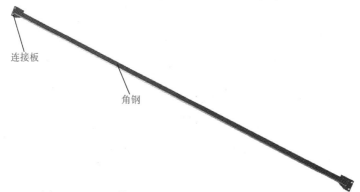

图 2-251　下弦横向支撑-钢架梁柱间系杆（六）三维图

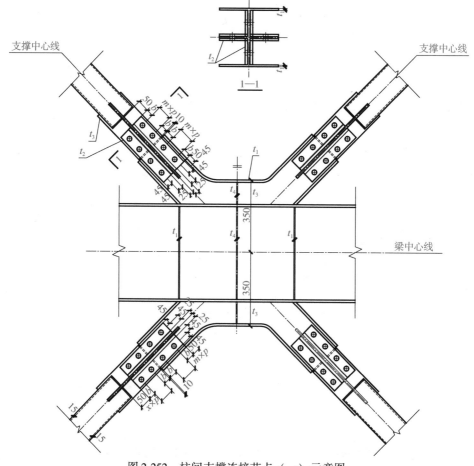

图 2-252　柱间支撑连接节点（一）示意图

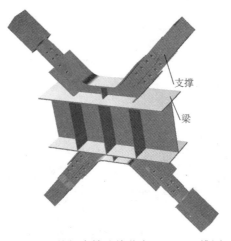

图 2-253 柱间支撑连接节点（一）三维图

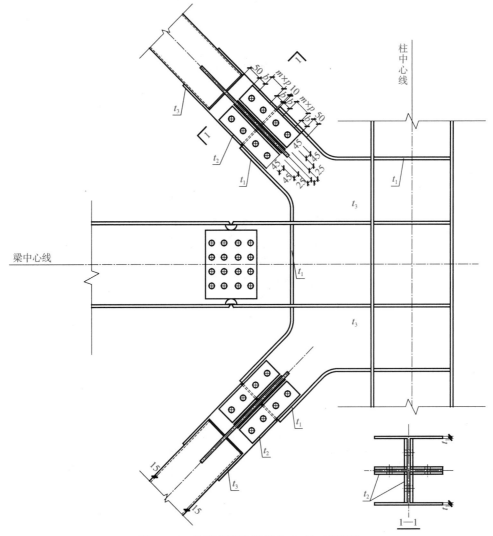

图 2-254 柱间支撑连接节点（二）示意图

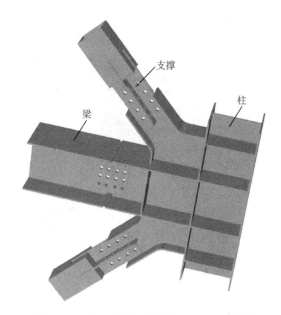

图 2-255　柱间支撑连接节点（二）三维图

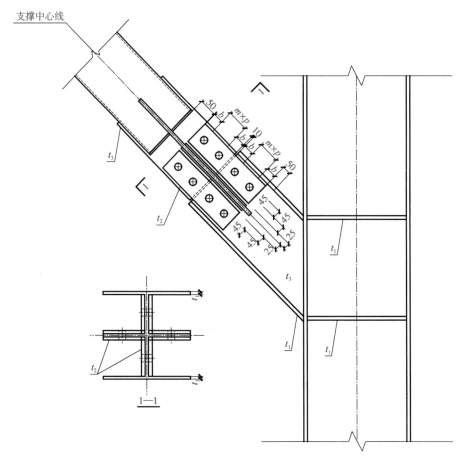

图 2-256　柱间支撑连接节点（三）示意图

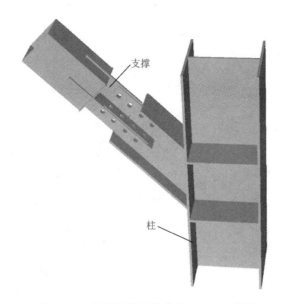

图 2-257　柱间支撑连接节点（三）三维图

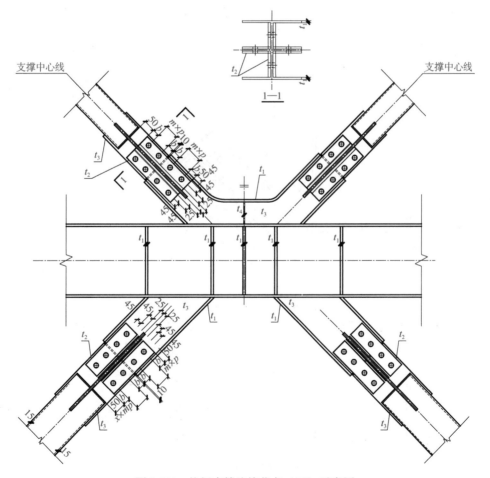

图 2-258　柱间支撑连接节点（四）示意图

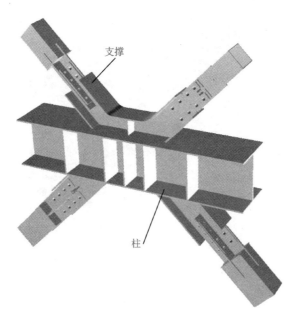

图 2-259 柱间支撑连接节点（四）三维图

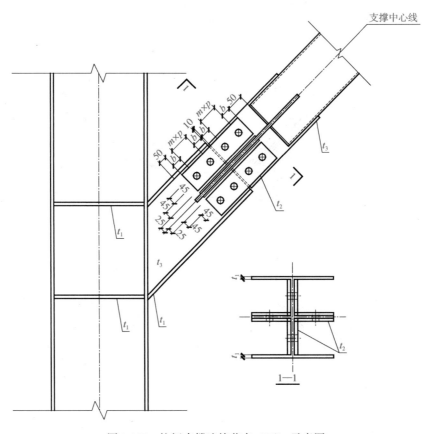

图 2-260 柱间支撑连接节点（五）示意图

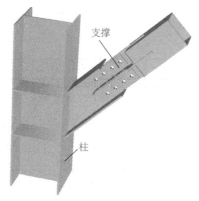

图 2-261　柱间支撑连接节点（五）三维图

表 2-7　柱间支撑连接螺栓布置及规格

支撑截面	$m \times p$/mm	螺栓	t_1/mm	t_2/mm	t_3/mm
方管 250×14	$p = 80$	M24	14	14	20
方管 250×12	$p = 80$	M22	14	12	25
方管 220×12	$p = 80$	M24	14	14	25
方管 200×10	$p = 80$	M22	14	12	20
方管 200×8	$p = 80$	M22	12	10	16
方管 180×10	$p = 80$	M22	10	10	20
方管 180×8	$p = 80$	M22	10	10	16
方管 180×6	$p = 80$	M22	10	10	12

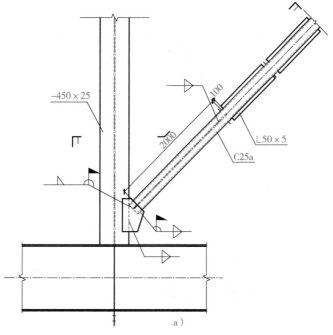

图 2-262　柱间支撑连接节点（六）示意图

a）立面图

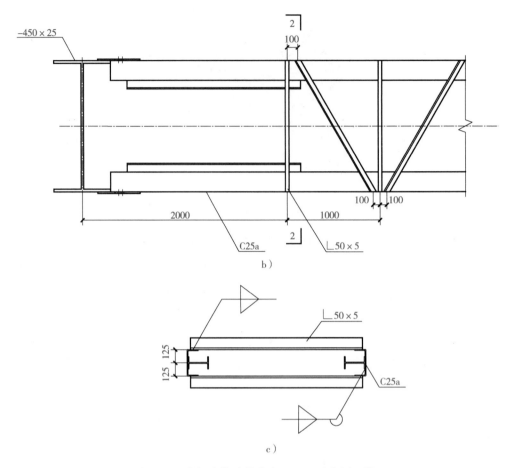

图 2-262　柱间支撑连接节点（六）示意图（续）
b）1—1 剖面图　c）2—2 剖面图

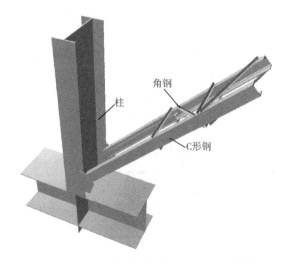

图 2-263　柱间支撑连接节点（六）三维图

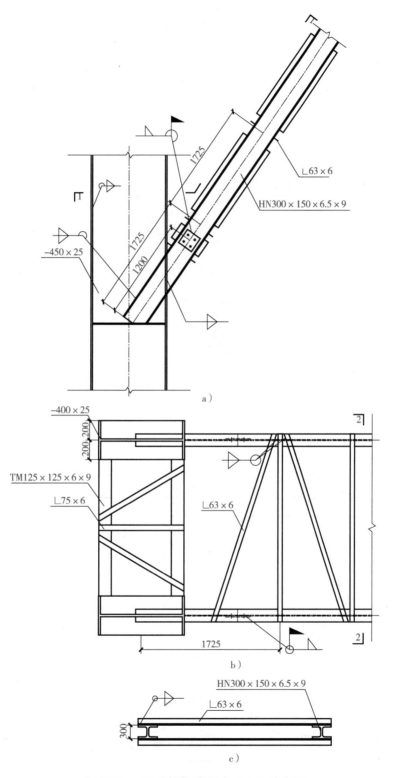

图 2-264　柱间支撑连接节点（七）示意图
a）立面图　b）1—1 剖面图　c）2—2 剖面图

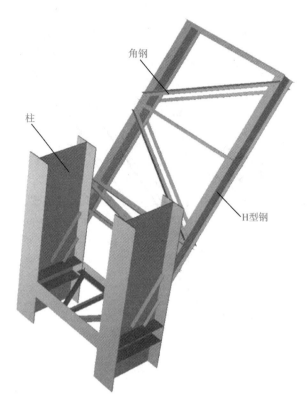

图 2-265　柱间支撑连接节点（七）三维图

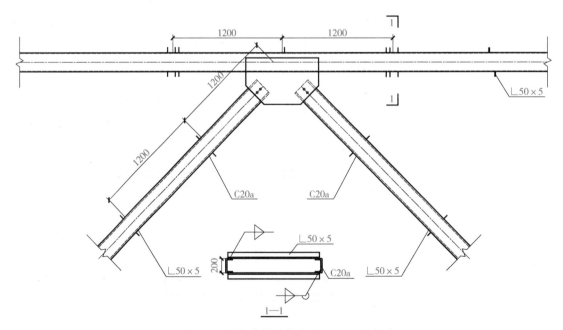

图 2-266　柱间支撑连接节点（八）示意图

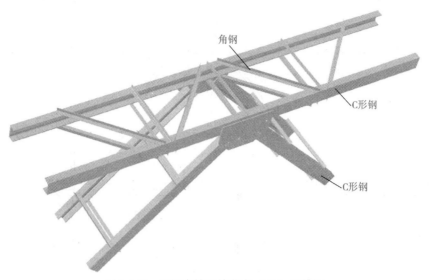

图 2-267　柱间支撑连接节点（八）三维图

角钢

C形钢

C形钢

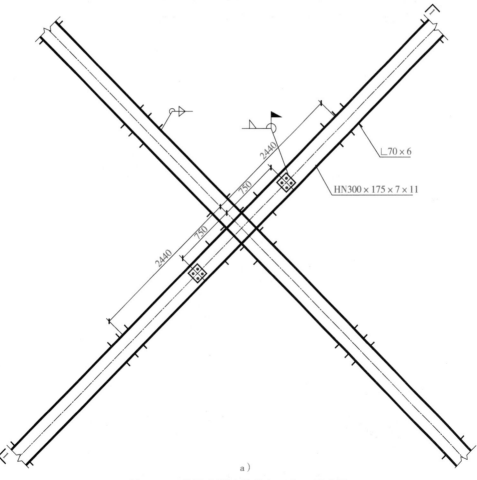

∟70×6

HN300×175×7×11

2440

750

750

2440

a）

图 2-268　柱间支撑连接节点（九）示意图

a）平面图

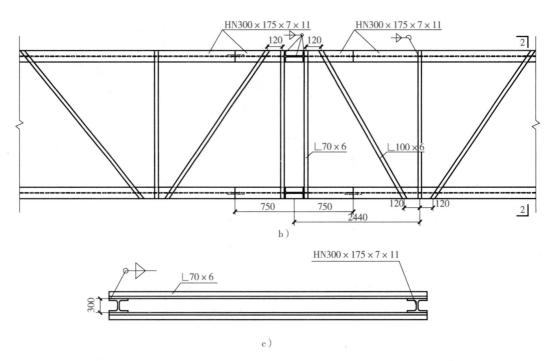

b)

图 2-268 柱间支撑连接节点(九)示意图(续)

b) 1—1 剖面图   c) 2—2 剖面图

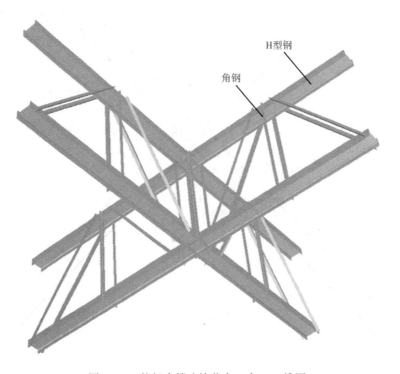

图 2-269 柱间支撑连接节点(九)三维图

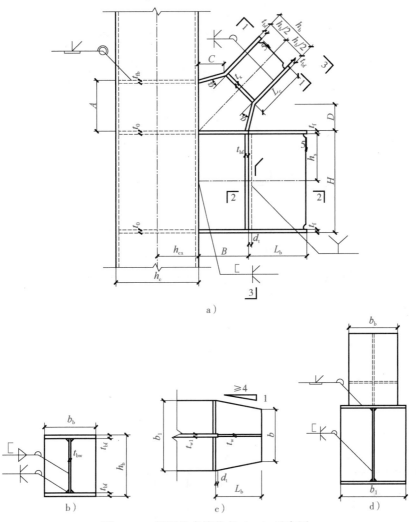

图 2-270　箱形柱支撑节点（一）示意图

a）立面图　b）1—1 剖面图　c）2—2 剖面图　d）3—3 剖面图

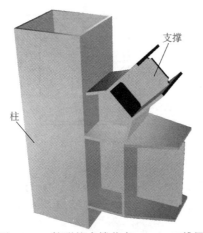

图 2-271　箱形柱支撑节点（一）三维图

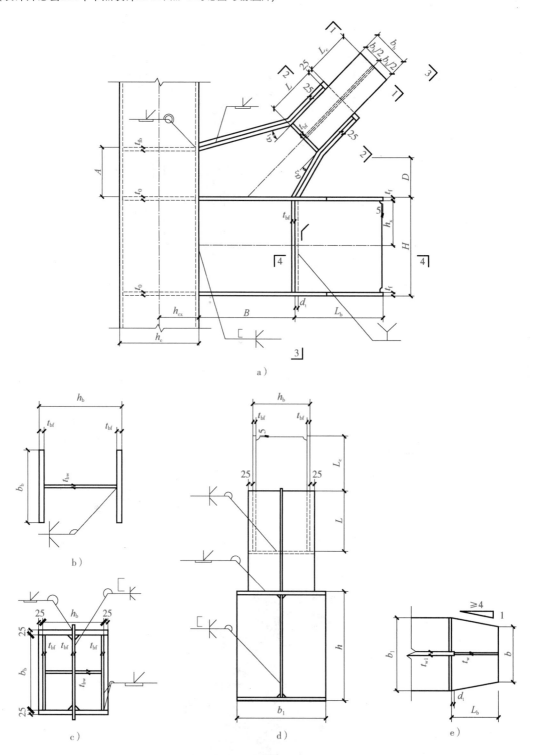

图 2-272 箱形柱支撑节点（二）示意图

a) 立面图 b) 1—1 剖面图 c) 2—2 剖面图 d) 3—3 剖面图 e) 4—4 剖面图

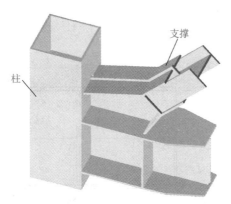

图 2-273　箱形柱支撑节点（二）三维图

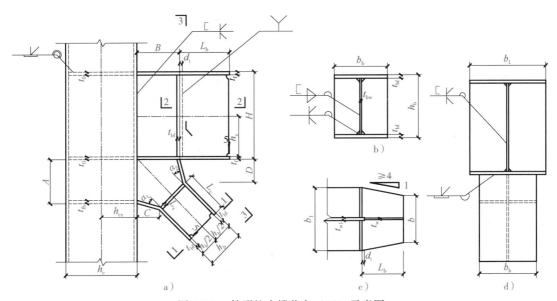

图 2-274　箱形柱支撑节点（三）示意图

a）立面图　b）1—1 剖面图　c）2—2 剖面图　d）3—3 剖面图

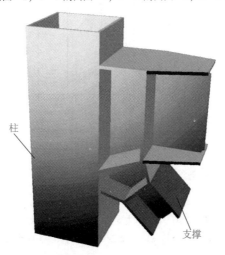

图 2-275　箱形柱支撑节点（三）三维图

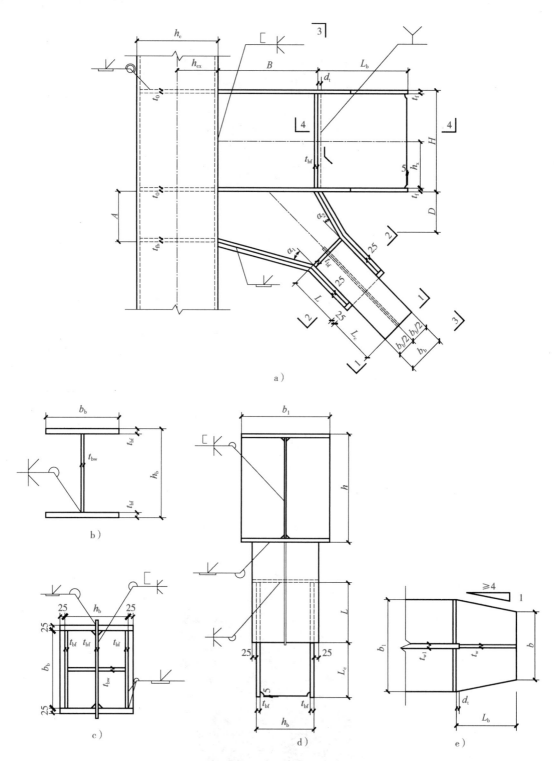

图 2-276　箱形柱支撑节点（四）示意图

a）立面图　b）1—1 剖面图　c）2—2 剖面图　d）3—3 剖面图　e）4—4 剖面图

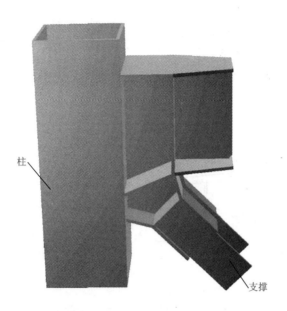

图 2-277　箱形柱支撑节点（四）三维图

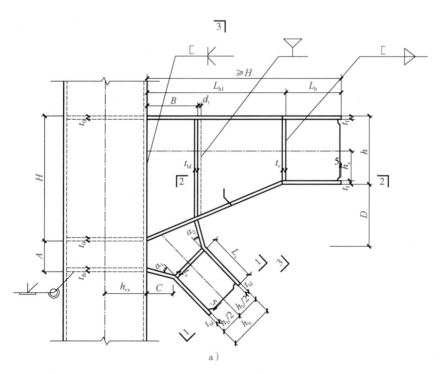

a）

图 2-278　箱形柱支撑节点（五）示意图
a）立面图

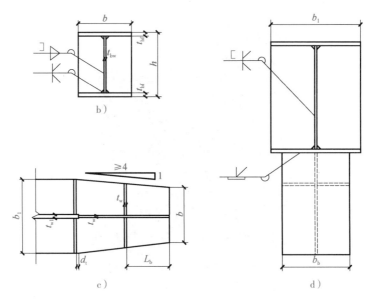

图 2-278　箱形柱支撑节点（五）示意图（续）

b）1—1 剖面图　c）2—2 剖面图　d）3—3 剖面图

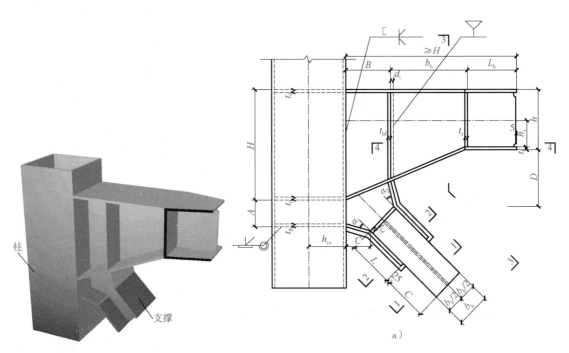

图 2-279　箱形柱支撑节点（五）三维图　　图 2-280　箱形柱支撑节点（六）示意图

a）立面图

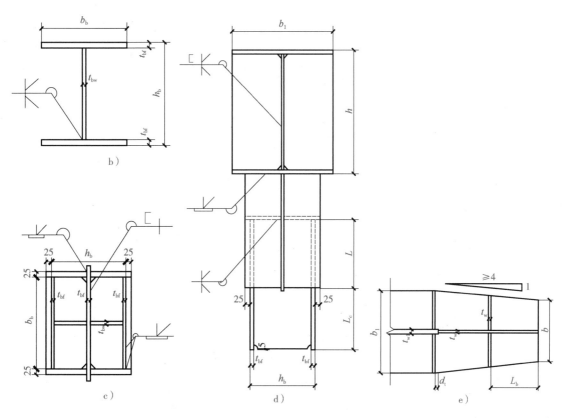

图 2-280　箱形柱支撑节点（六）示意图（续）
b）1—1 剖面图　c）2—2 剖面图　d）3—3 剖面图　e）4—4 剖面图

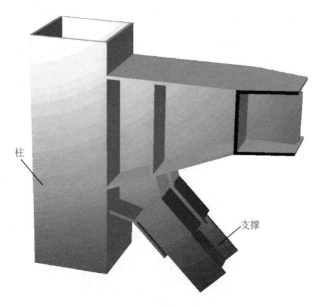

图 2-281　箱形柱支撑节点（六）三维图

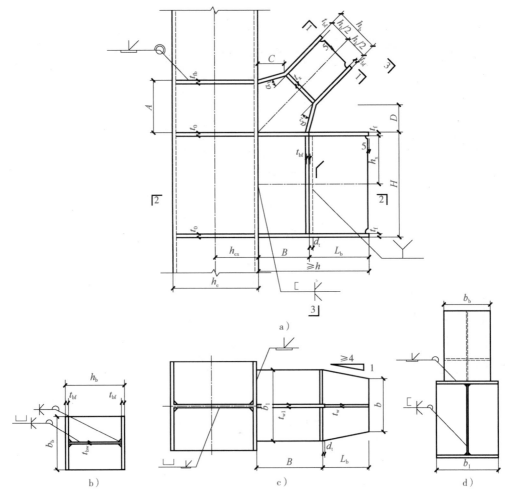

图 2-282　H 形柱支撑节点（一）示意图

a）立面图　b）1—1 剖面图　c）2—2 剖面图　d）3—3 剖面图

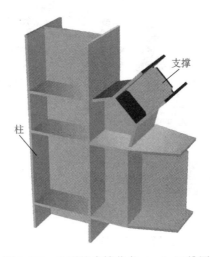

图 2-283　H 形柱支撑节点（一）三维图

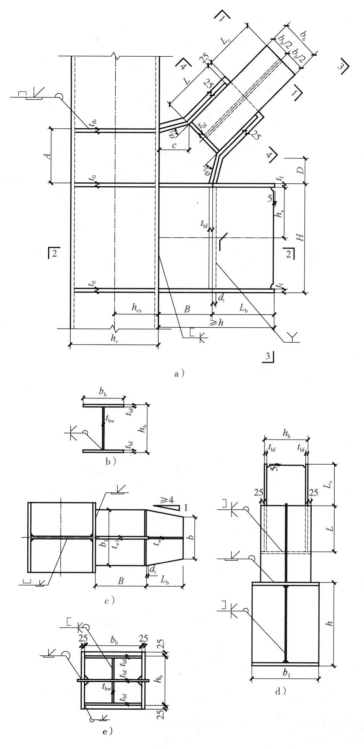

图 2-284　H 形柱支撑节点（二）示意图

a）立面图　b）1—1 剖面　c）2—2 剖面图　d）3—3 剖面图　e）4—4 剖面图

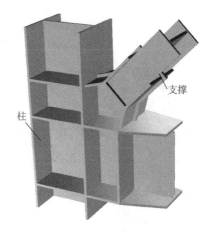

图 2-285 H形柱支撑节点（二）三维图

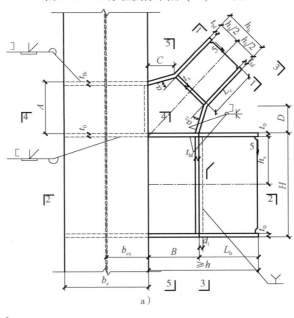

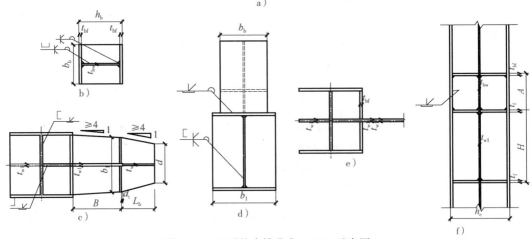

图 2-286 H形柱支撑节点（三）示意图

a）立面图 b）1—1 剖面图 c）2—2 剖面图 d）3—3 剖面图 e）4—4 剖面图 f）5—5 剖面图

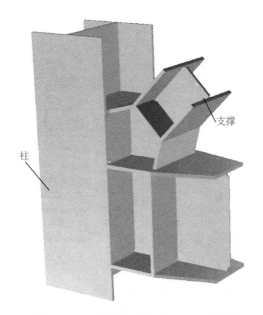

图 2-287　H 形柱支撑节点（三）三维图

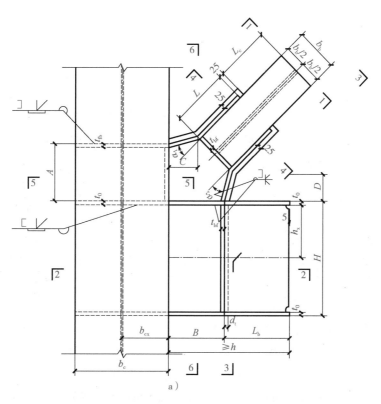

图 2-288　H 形柱支撑节点（四）示意图

a）立面图

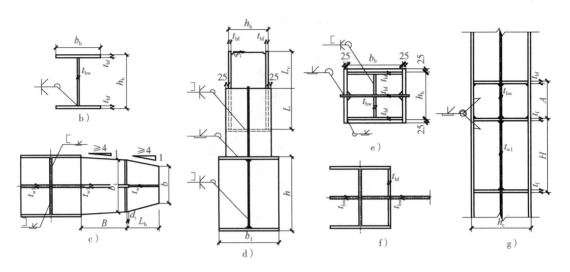

图 2-288　H 形柱支撑节点（四）示意图（续）
b) 1—1 剖面图　c) 2—2 剖面图　d) 3—3 剖面图　e) 4—4 剖面图　f) 5—5 剖面图　g) 6—6 剖面图

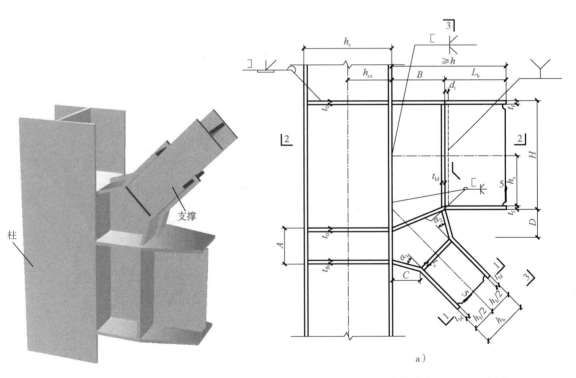

图 2-289　H 形柱支撑节点（四）三维图

图 2-290　H 形柱支撑节点（五）示意图
a) 立面图

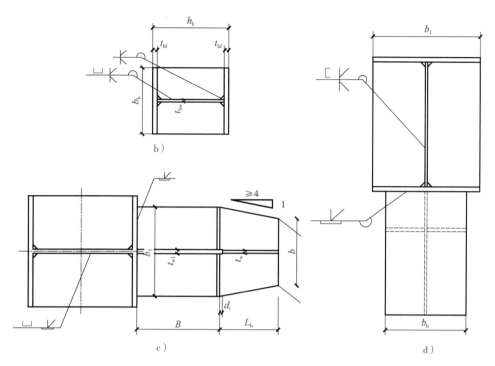

图 2-290　H 形柱支撑节点（五）示意图（续）

b）1—1 剖面图　c）2—2 剖面图　d）3—3 剖面图

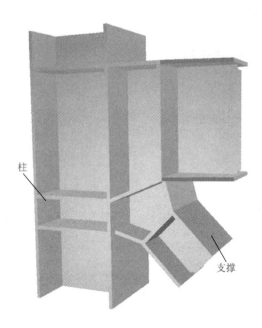

图 2-291　H 形柱支撑节点（五）三维图

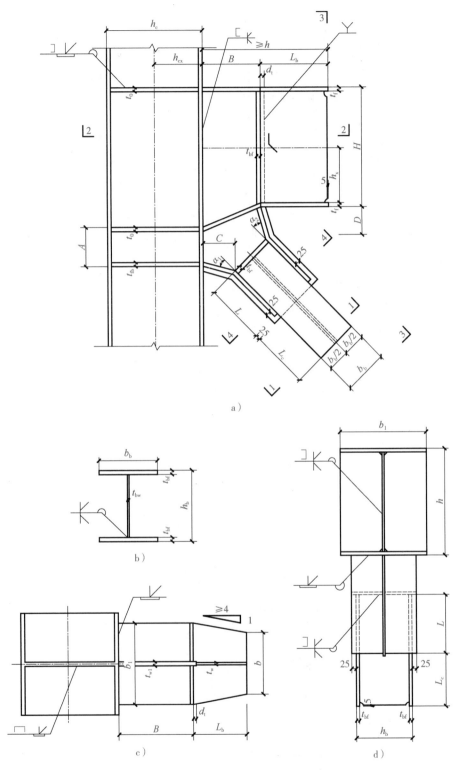

图 2-292 H形柱支撑节点（六）示意图

a）立面图 b）1—1 剖面图 c）2—2 剖面图 d）3—3 剖面图

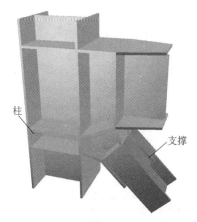

图 2-293　H 形柱支撑节点（六）三维图

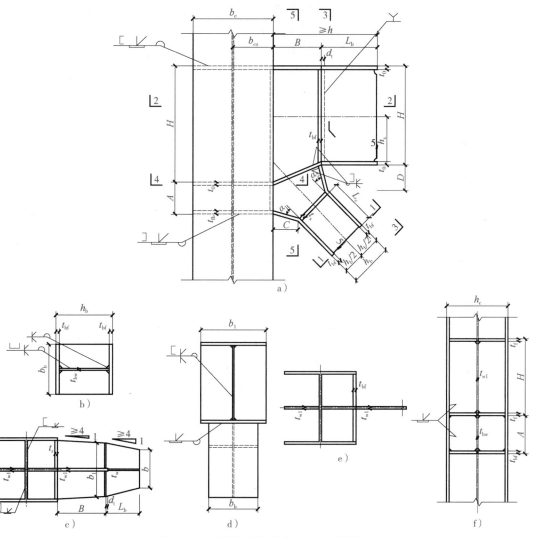

图 2-294　H 形柱支撑节点（七）示意图

a）立面图　b）1—1 剖面图　c）2—2 剖面图　d）3—3 剖面图　e）4—4 剖面图　f）5—5 剖面图

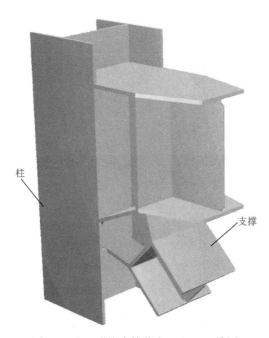

图 2-295　H 形柱支撑节点（七）三维图

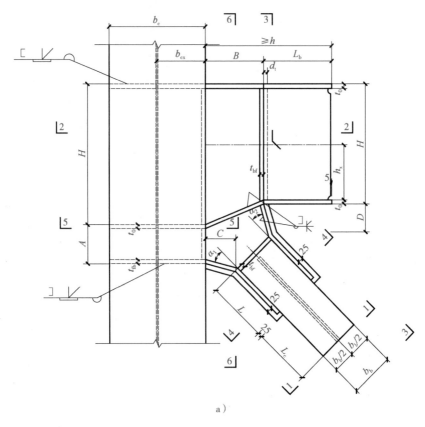

a）

图 2-296　H 形柱支撑节点（八）示意图

a）立面图

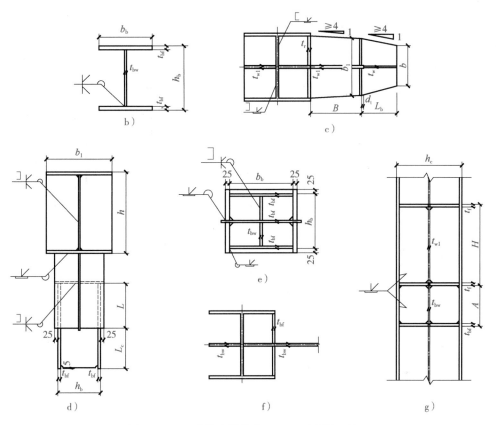

图 2-296 H 形柱支撑节点（八）示意图（续）

b）1—1 剖面图 c）2—2 剖面图 d）3—3 剖面图 e）4—4 剖面图 f）5—5 剖面图 g）6—6 剖面图

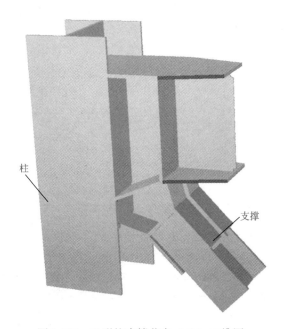

图 2-297 H 形柱支撑节点（八）三维图

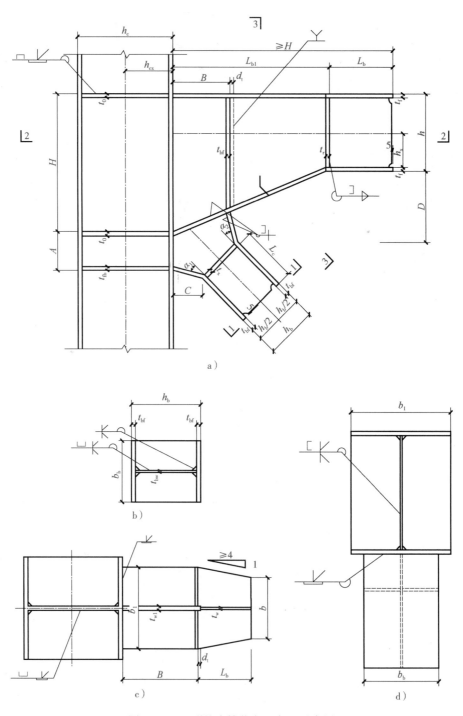

图 2-298　H 形柱支撑节点（九）示意图

a）立面图　b）1—1 剖面图　c）2—2 剖面图　d）3—3 剖面图

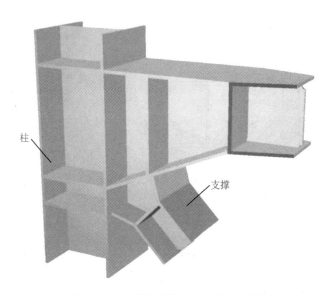

图 2-299　H 形柱支撑节点（九）三维图

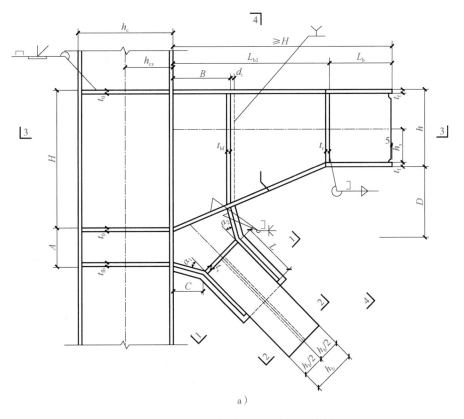

a）

图 2-300　H 形柱支撑节点（十）示意图

a）立面图

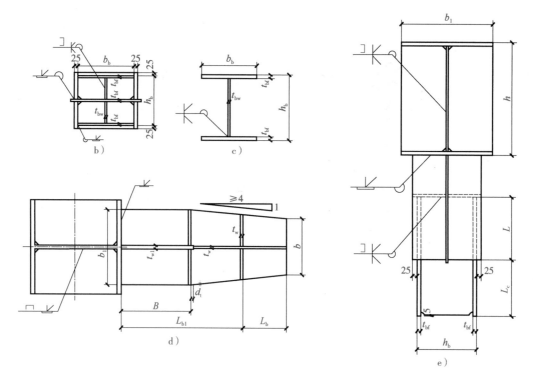

图 2-300　H 形柱支撑节点（十）示意图（续）

b) 1—1 剖面图　c) 2—2 剖面图　d) 3—3 剖面图　e) 4—4 剖面图

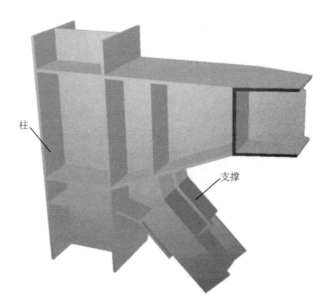

图 2-301　H 形柱支撑节点（十）三维图

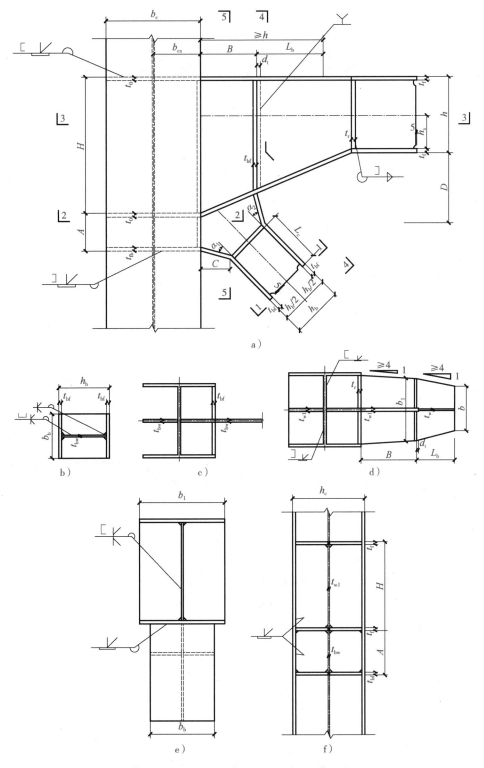

图 2-302　H 形柱支撑节点（十一）示意图

a）立面图　b）1—1 剖面图　c）2—2 剖面图　d）3—3 剖面图　e）4—4 剖面图　f）5—5 剖面图

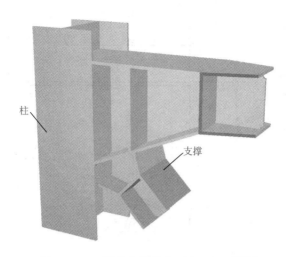

图 2-303　H 形柱支撑节点（十一）三维图

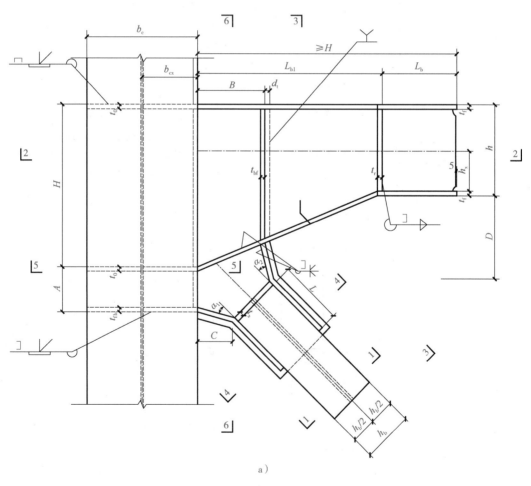

a）

图 2-304　H 形柱支撑节点（十二）示意图

a）立面图

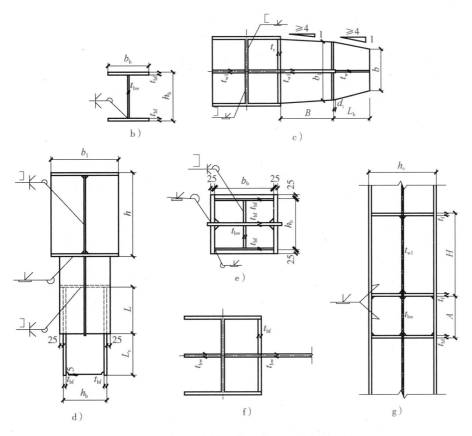

图 2-304 H 形柱支撑节点（十二）示意图（续）

b）1—1 剖面图 c）2—2 剖面图 d）3—3 剖面图 e）4—4 剖面图 f）5—5 剖面图 g）6—6 剖面图

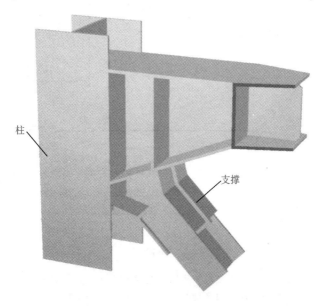

图 2-305 H 形柱支撑节点（十二）三维图

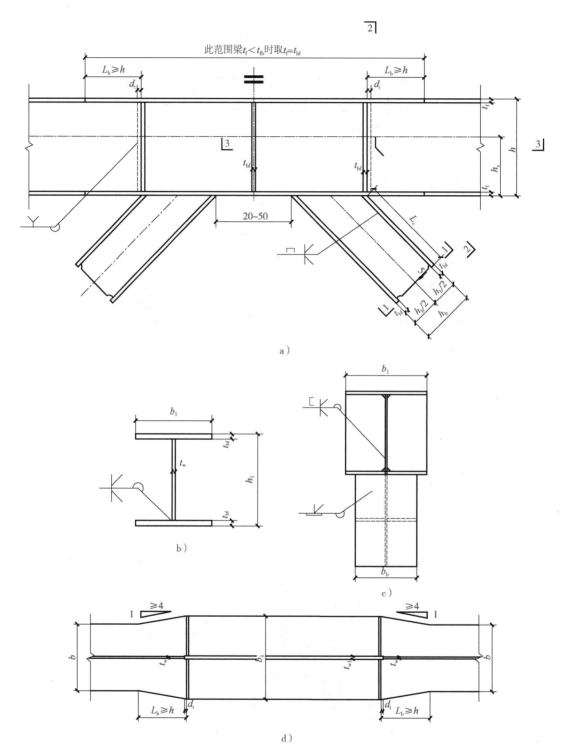

图 2-306　人字形、V 形柱支撑节点（一）示意图

a）立面图　b）1—1 剖面图　c）2—2 剖面图　d）3—3 剖面图

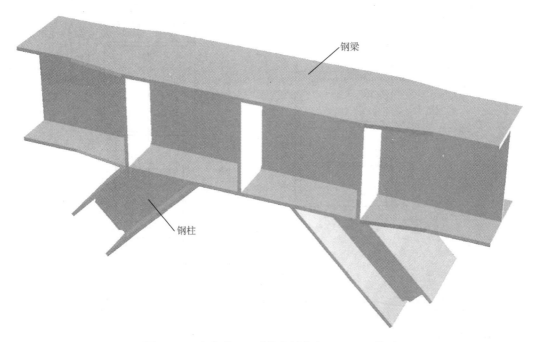

图 2-307　人字形、V 形柱支撑节点（一）三维图

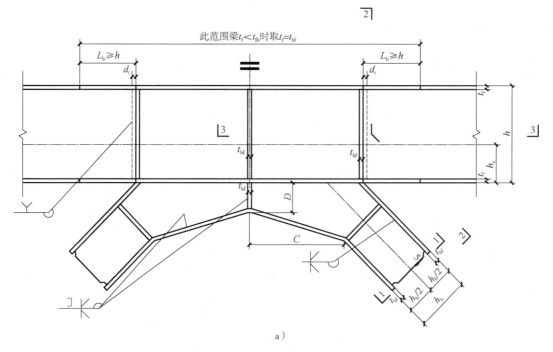

图 2-308　人字形、V 形柱支撑节点（二）示意图
a）立面图

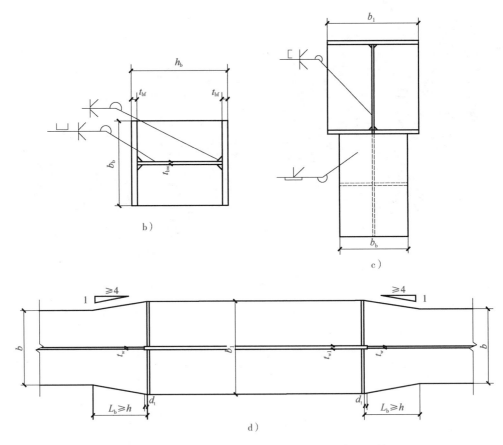

图 2-308　人字形、V形柱支撑节点（二）示意图（续）

b）1—1 剖面图　c）2—2 剖面图　d）3—3 剖面图

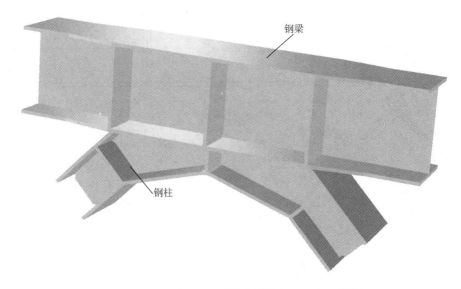

图 2-309　人字形、V形柱支撑节点（二）三维图

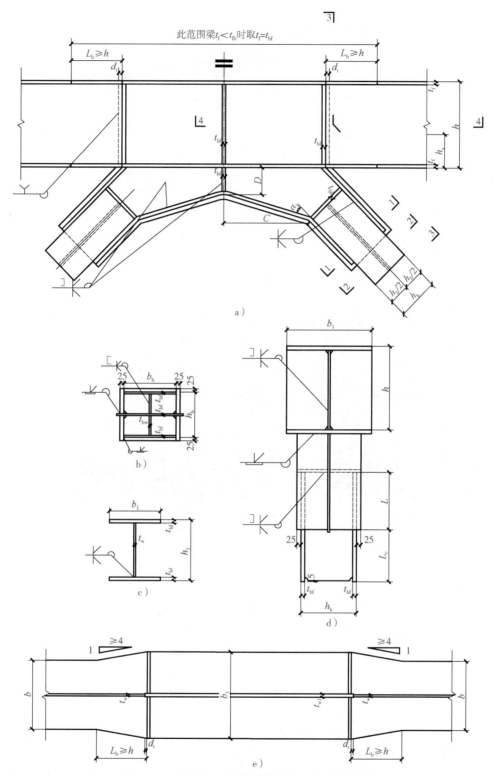

图 2-310　人字形、V 形柱支撑节点（三）示意图
a）立面图　b）1—1 剖面图　c）2—2 剖面图　d）3—3 剖面图　e）4—4 剖面图

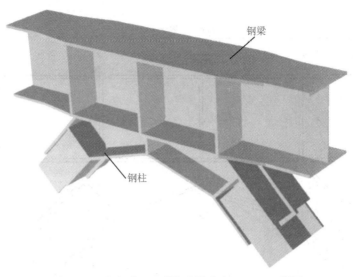

图 2-311　人字形、V 形柱支撑节点（三）三维图

图 2-312　支撑连接现场图片

表 2-8　节点钢板厚度

板厚符号	板厚取值/mm	材质要求
t_{bf}	同支撑翼缘厚度	与支撑相同
t_{bw}	同支撑腹板厚度	与支撑相同
t_f	同梁翼缘厚度	与梁相同
t_w	同梁腹板厚度	与梁相同
t_{w1}	max（t_{bw}，t_w）	与梁相同
t_0	柱加劲肋厚度：取各方向 t_f 的最大值	与梁相同
t_x	支撑加劲肋厚度： max（α_1、α_2）≤30°时，t_x≥0.5t_{bf}； max（α_1、α_2）≤45°时，t_x≥0.7t_{bf}	与支撑相同

表 2-9　节点参数

参数名称	参数取值/mm 限制值［参考值］
A，B	≥150
C，D	≥100
h_c	柱截面高度
h_{cx}	$0.25 \sim 0.7h_c$ ［$0.5h_c$］
h	同梁截面高度
h_x	$0.25 \sim 0.7h$ ［$0.5h$］
b_b	同支撑翼缘宽度
h_b	同支撑腹板方向高度，$h_b \geqslant b_b$
b	同梁段翼缘宽度
L	支撑转轴连接长度：≥h_b ［h_b］
b_1	≥max（$h_b + 50$，b）［max（$h_b + 50$，b）］
L_b / L_c	梁/支撑连接长度： ≥（梁腹板或支撑拼接板长度）/2 + 35 ［（梁腹板或支撑拼接板长度）/2 + 35］
d_t	max（$1.5t_{w1}$，20） ［max（$1.5t_{w1}$，20）］
α_1、α_2	$0° \sim 45°$

设计说明要点：

（1）支撑杆的截面通常采用双角钢或槽钢组合截面、H 形截面和箱形截面，其端部与梁柱的连接或梁柱中间部位的连接，均应能充分地传递支撑杆的内力，同时尚应留有一定的富余量。采用双角钢或双槽钢组合截面的支撑，一般是通过节点板与梁柱连接。

（2）除特设的偏心支撑外，一般支撑的重心线应与梁柱重心线三者交汇于一点，否则应考虑由偏心产生的附加弯矩的影响。

（3）为了对整体结构的塑性发展以及对有抗震要求的结构有利于耗能减震，有意将支撑杆件的轴线偏离梁柱轴线交点，做成特设的偏心支撑，以建立一个均衡的支撑框架。

（4）支撑端部与梁柱的连接，原则上应按支撑杆件截面等强度的条件来确定，即使杆件内力很小，也应按支撑杆件承载力设计值的 1/2 来进行连接设计。对于 H 形截面的支撑或端部为 H 形截面，而中间区段为箱形截面的支撑，为使作用于支撑翼缘的内力能顺畅地传给梁柱，应分别在梁柱与支撑翼缘连接处设置垂直加劲肋和水平加劲肋（或水平加劲隔板）。

施工工艺要点：

（1）支撑杆件为 H 型钢时，端部采用相同截面的悬伸支撑杆与梁柱相连接，支撑杆件在现场采用高强度螺栓进行拼接连接。

（2）支撑杆件为 H 型钢时，连接节点板沿柱的高度与柱翼缘进行等强度焊接，支撑杆件则与节点板采用高强度螺栓连接。

（3）板件连接焊缝均为坡口熔透焊。

（4）角焊缝焊脚尺寸不小于5mm。

（5）角钢两端与节点板用三面围焊，其焊脚尺寸分别为肢背6mm，角钢端部和肢尖5mm，其他焊缝一律满焊。

◀ # 第七节　网架结构 ▶

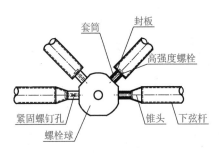

图 2-313　螺栓球节点平面示意图

图 2-314　螺栓球节点三维图

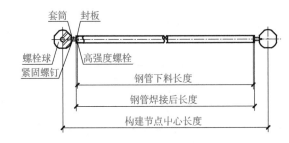

图 2-315　杆件组装平面示意图（一）

图 2-316　杆件组装三维图（一）

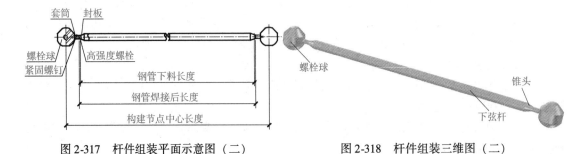

图 2-317　杆件组装平面示意图（二）　　　　图 2-318　杆件组装三维图（二）

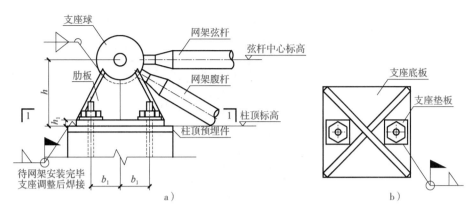

图 2-319　平板支座（一）示意图

a）立面图　b）1—1 剖面图

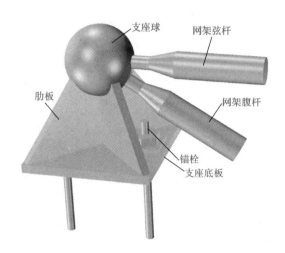

图 2-320　平板支座（一）三维图

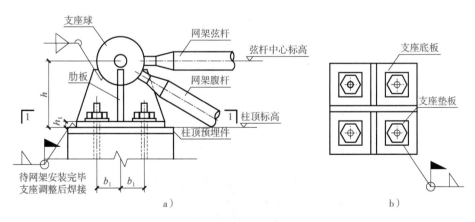

图 2-321　平板支座（二）示意图

a）立面图　b）1—1 剖面图

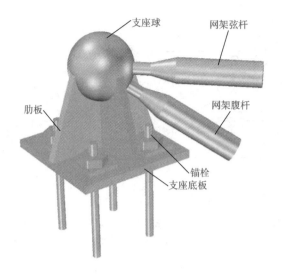

图 2-322　平板支座（二）三维图

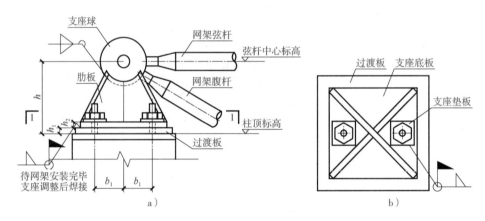

图 2-323　带有过渡板的平板压力支座（一）示意图

a）立面图　b）1—1 剖面图

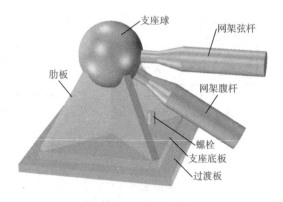

图 2-324　带有过渡板的平板压力支座（一）三维图

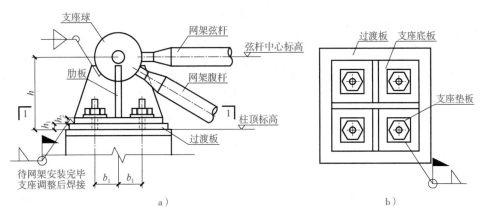

图 2-325 带有过渡板的平板压力支座（二）示意图

a）立面图　b）1—1 剖面图

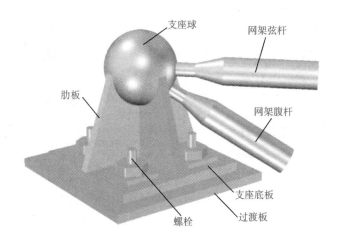

图 2-326 带有过渡板的平板压力支座（二）三维图

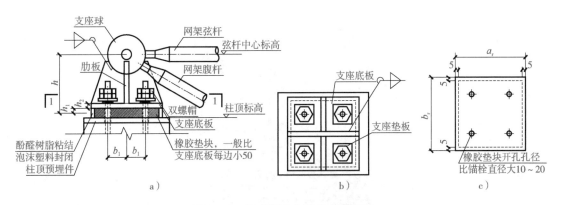

图 2-327 板式橡胶支座节点示意图

a）立面图　b）1—1 剖面图　c）橡胶垫块

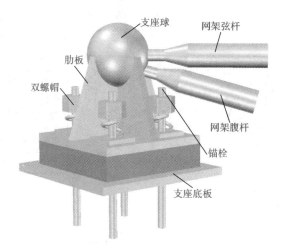

图 2-328　板式橡胶支座节点三维图

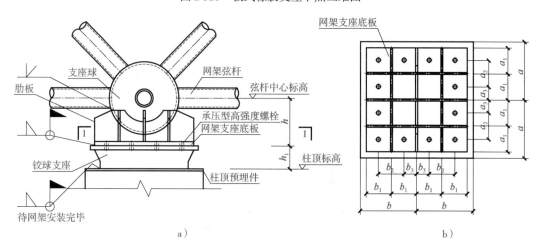

a）　　　　　　　　　　　　　　　　　b）

图 2-329　球铰支座节点示意图

a）立面图　b）1—1 剖面图

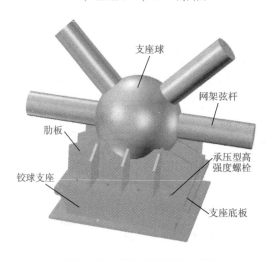

图 2-330　球铰支座节点三维图

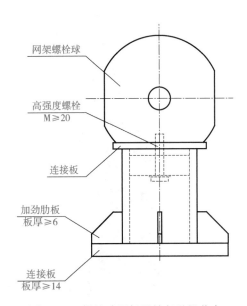

网架螺栓球

高强度螺栓
M≥20

连接板

加劲肋板
板厚≥6

连接板
板厚≥14

图 2-331　螺栓球网架悬挂起重机节点
常用做法（一）立面图

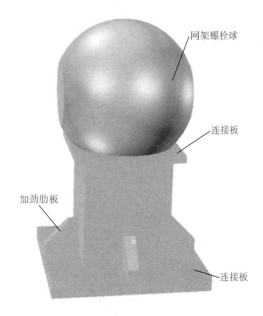

网架螺栓球

连接板

加劲肋板

连接板

图 2-332　螺栓球网架悬挂起重机节点
常用做法（一）三维图

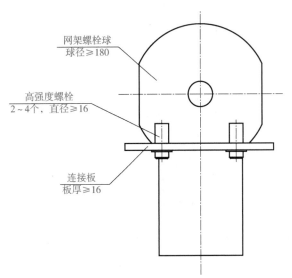

网架螺栓球
球径≥180

高强度螺栓
2~4个，直径≥16

连接板
板厚≥16

图 2-333　螺栓球网架悬挂起重机节点
常用做法（二）立面图

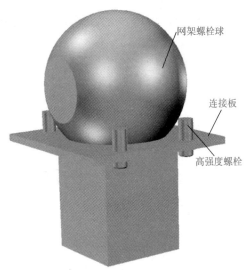

网架螺栓球

连接板

高强度螺栓

图 2-334　螺栓球网架悬挂起重机节点
常用做法（二）三维图

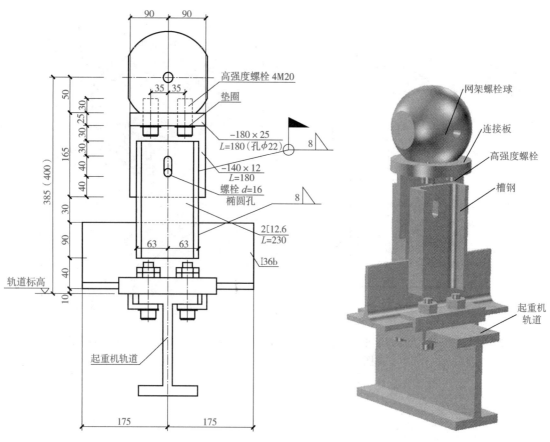

图 2-335　起重机节点详图（一）立面图　　　　图 2-336　起重机节点详图（一）三维图

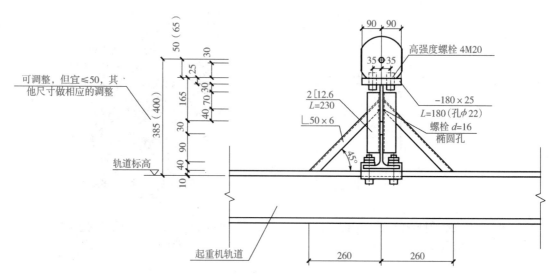

图 2-337　起重机节点详图（二）立面图

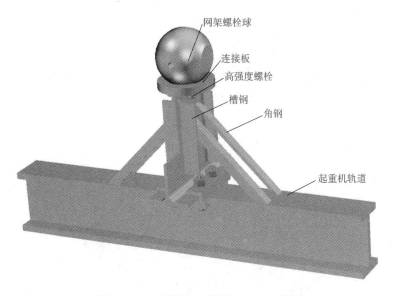

图 2-338　起重机节点详图（二）三维图

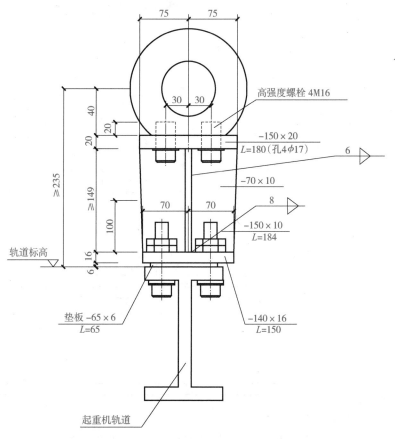

图 2-339　起重机节点详图（三）立面图

网架螺栓球

连接板

高强度螺栓

起重机轨道

图 2-340　起重机节点详图（三）三维图

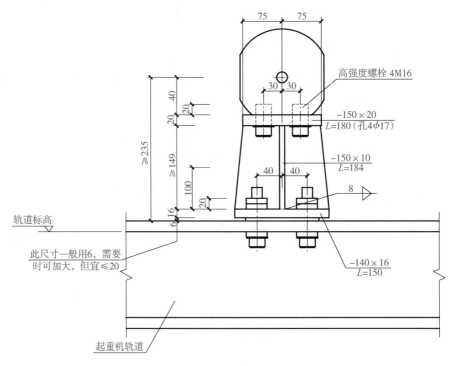

高强度螺栓 4M16

−150×20
L=180（孔4ϕ17）

−150×10
L=184

8

−140×16
L=150

75　75

30　30

40　40

≥235

≥149

40

20　20

100

20

6　6

轨道标高

此尺寸一般用6，需要
时可加大，但宜≤20

起重机轨道

图 2-341　起重机节点详图（四）立面图

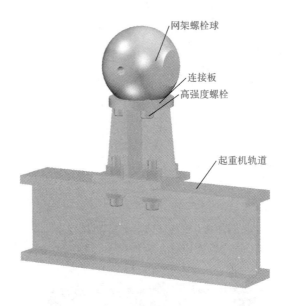

图 2-342 起重机节点详图（四）三维图

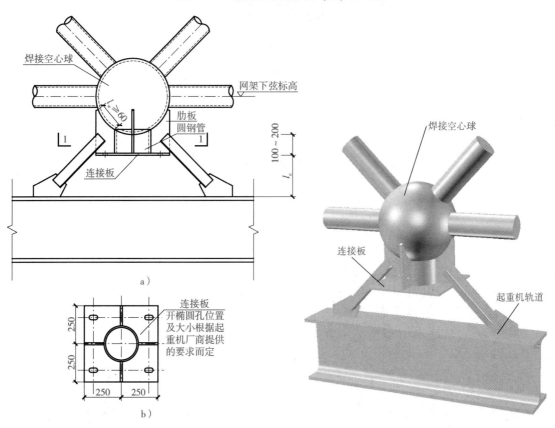

图 2-343 焊接球网架悬挂起重机节点做法示意图

a) 立面图 b) 1—1 剖面图

图 2-344 焊接球网架悬挂起重机
节点做法三维图

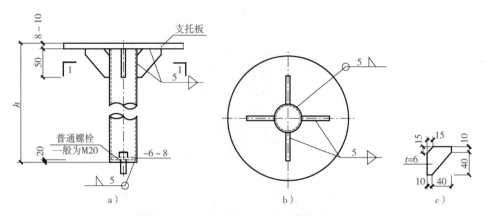

图 2-345　螺栓球网架支托节点示意图

a) 立面图　b) 1—1 剖面图　c) 节点详图

图 2-346　螺栓球网架支托节点三维图

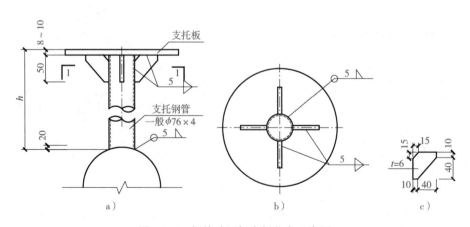

图 2-347　焊接球网架支托节点示意图

a) 立面图　b) 1—1 剖面图　c) 节点详图

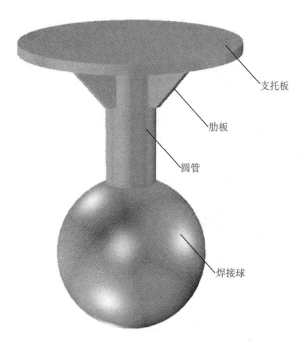

图 2-348 焊接球网架支托节点三维图

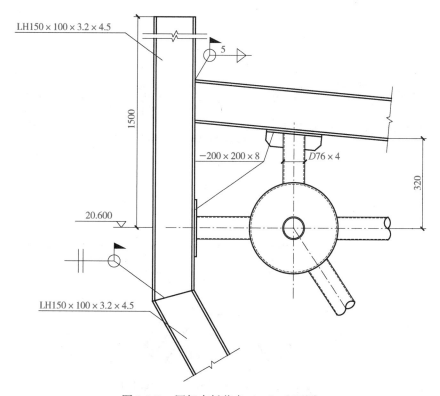

图 2-349 网架支托节点（一）立面图

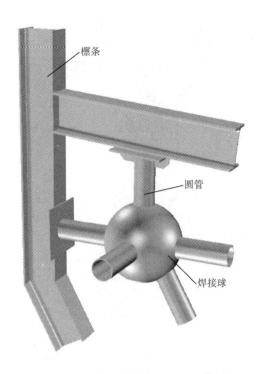

图 2-350 网架支托节点（一）三维图

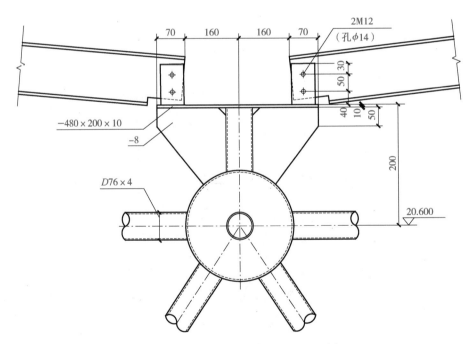

图 2-351 网架支托节点（二）立面图

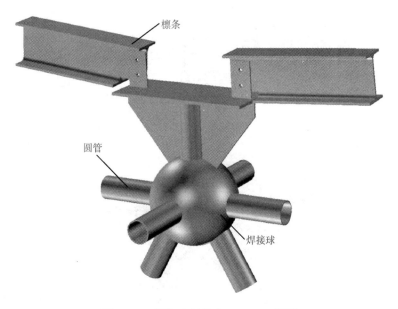

檩条

圆管

焊接球

图 2-352　网架支托节点（二）三维图

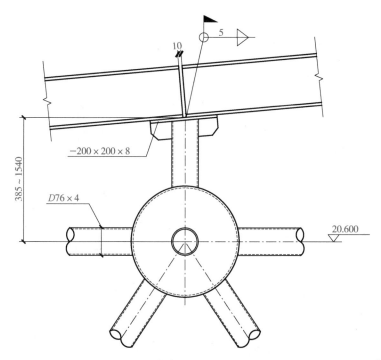

10

5

−200 × 200 × 8

385 ~ 1540

D76 × 4

20.600

图 2-353　网架支托节点（三）立面图

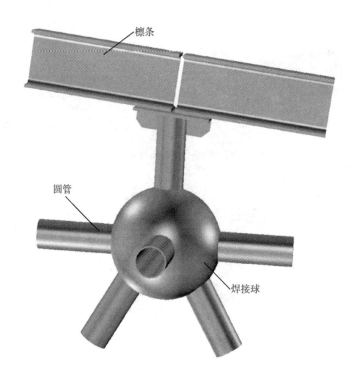

檩条

圆管

焊接球

图 2-354　网架支托节点（三）三维图

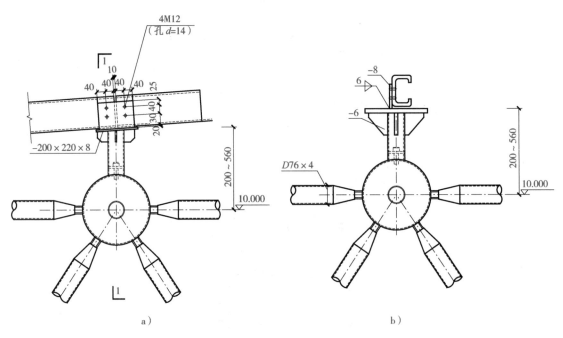

a）

b）

图 2-355　网架支托节点（四）示意图
a）立面图　b）1—1 剖面图

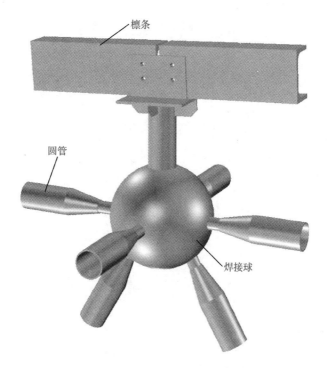

图 2-356 网架支托节点（四）三维图

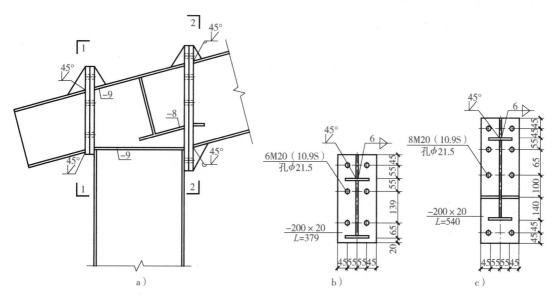

图 2-357 桁架节点详图（一）示意图

a）立面图 b）1—1 剖面图 c）2—2 剖面图

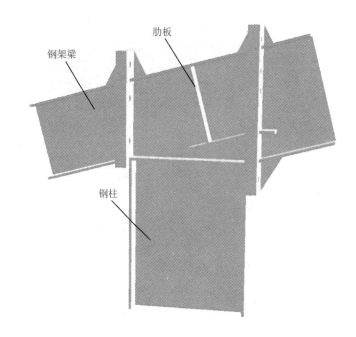

肋板

钢架梁

钢柱

图 2-358　桁架节点详图（一）三维图

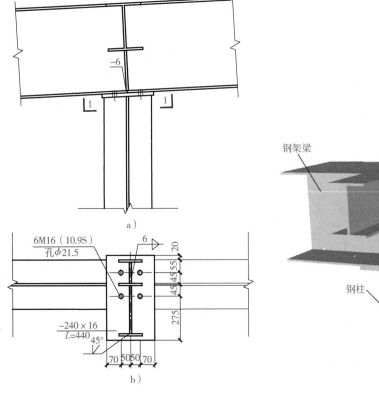

−6

1　1

6M16（10.9S)
孔φ21.5

6

20

45 45 55

275

−240×16
L=440
45°

70 50 50 70

a)

b)

图 2-359　桁架节点详图（二）示意图
a）立面图　b）1—1 剖面图

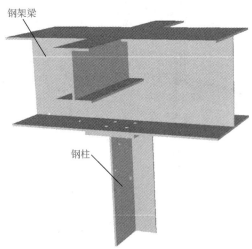

钢架梁

钢柱

图 2-360　桁架节点详图（二）三维图

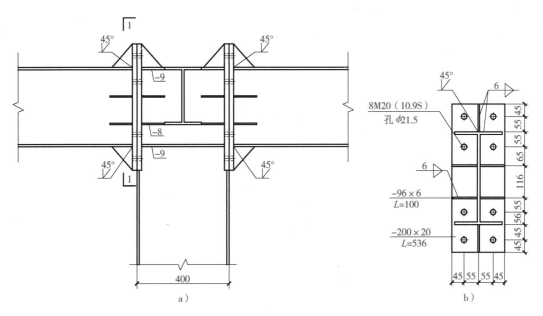

图 2-361 桁架节点详图（三）示意图

a）立面图 b）1—1 剖面图

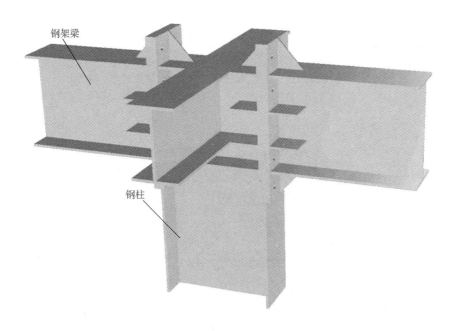

图 2-362 桁架节点详图（三）三维图

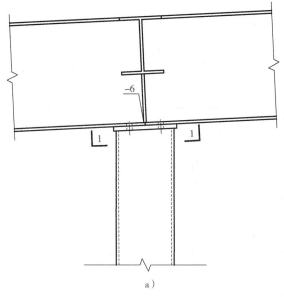

a）

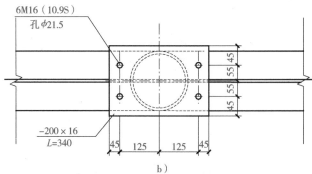

6M16（10.9S）

孔 ϕ21.5

-200×16
L=340

b）

图 2-363　桁架节点详图（四）示意图

a）立面图　b）1—1 剖面图

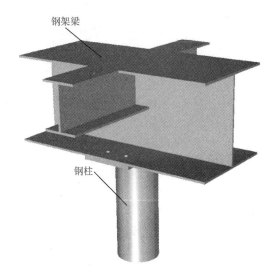

钢架梁

钢柱

图 2-364　桁架节点详图（四）三维图

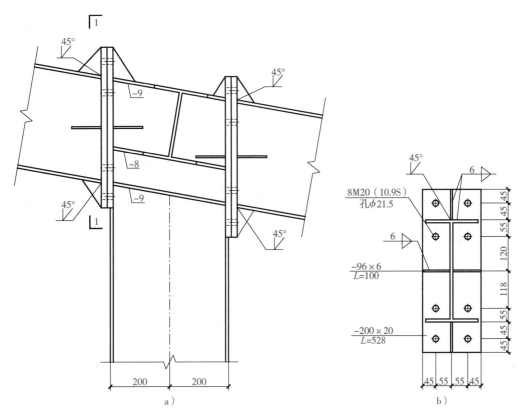

图 2-365 桁架节点详图（五）示意图

a）立面图 b）1—1 剖面图

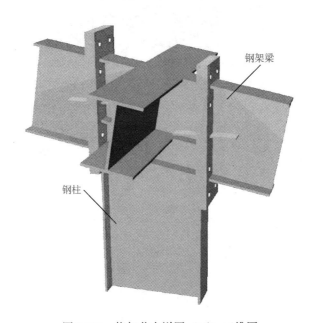

图 2-366 桁架节点详图（五）三维图

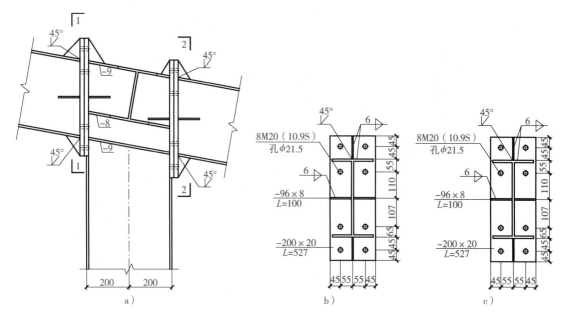

图 2-367　桁架节点详图（六）示意图

a）立面图　b）1—1 剖面图　c）2—2 剖面图

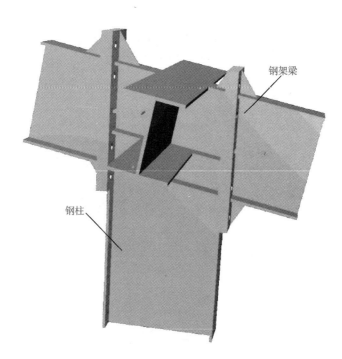

图 2-368　桁架节点详图（六）三维图

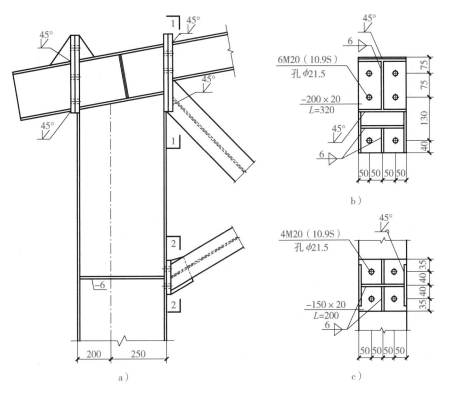

图 2-369 桁架节点详图（七）示意图

a）立面图 b）1—1 剖面图 c）2—2 剖面图

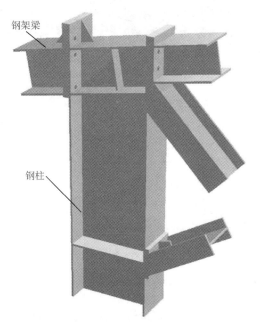

图 2-370 桁架节点详图（七）三维图

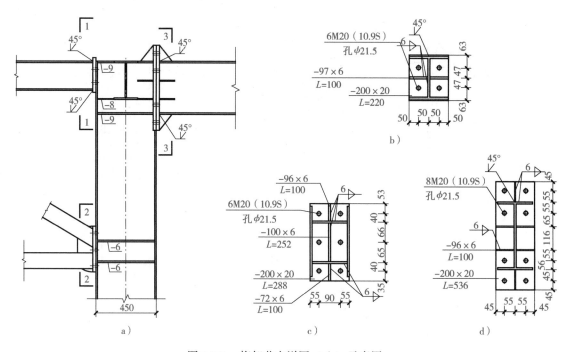

图 2-371　桁架节点详图（八）示意图

a）立面图　b）1—1 剖面图　c）2—2 剖面图　d）3—3 剖面图

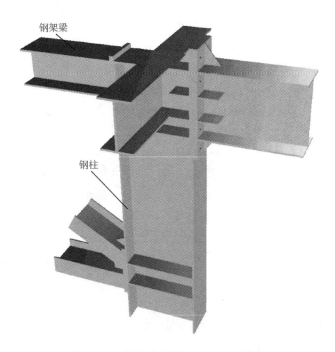

图 2-372　桁架节点详图（八）三维图

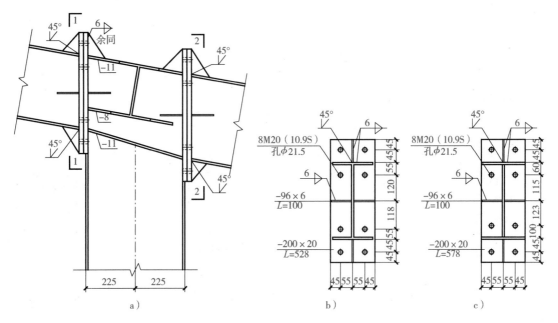

图 2-373　桁架节点详图（九）示意图
a）立面图　b）1—1 剖面图　c）2—2 剖面图

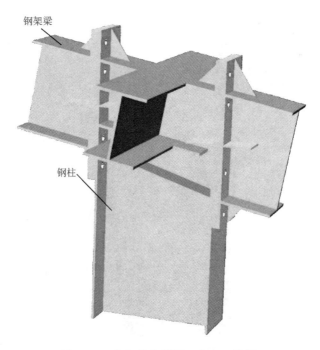

图 2-374　桁架节点详图（九）三维图

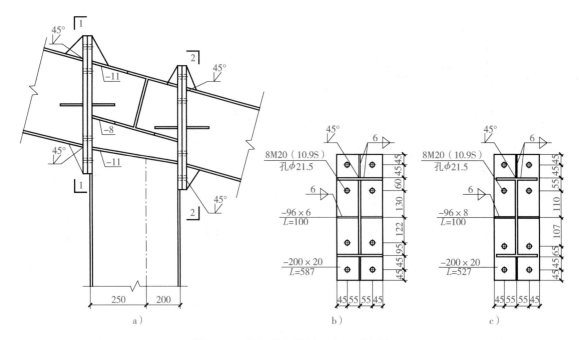

图 2-375　桁架节点详图（十）示意图

a）立面图　b）1—1 剖面图　c）2—2 剖面图

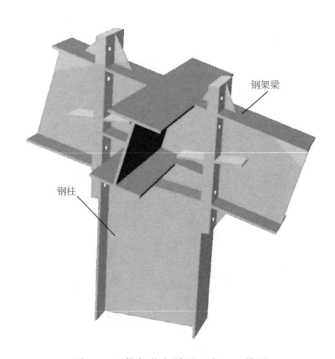

图 2-376　桁架节点详图（十）三维图

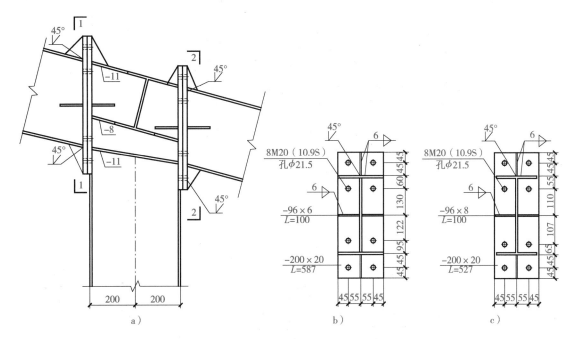

图 2-377　桁架节点详图（十一）示意图

a）立面图　b）1—1 剖面图　c）2—2 剖面图

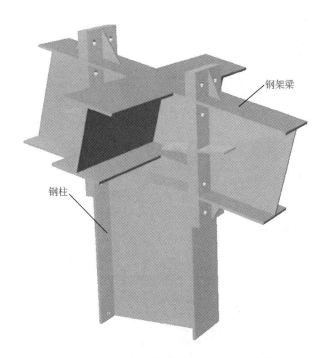

图 2-378　桁架节点详图（十一）三维图

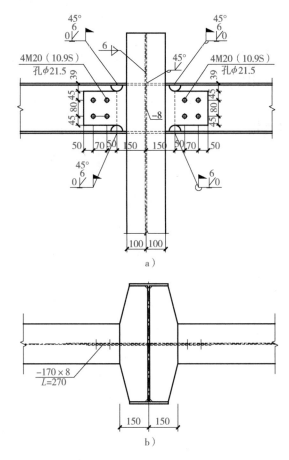

图 2-379　框架刚接节点示意图

a）立面图　b）平面图

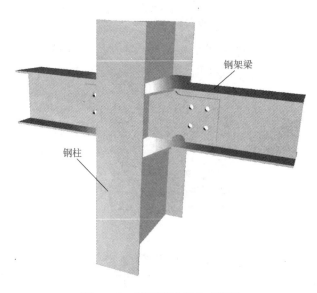

图 2-380　框架刚接节点三维图

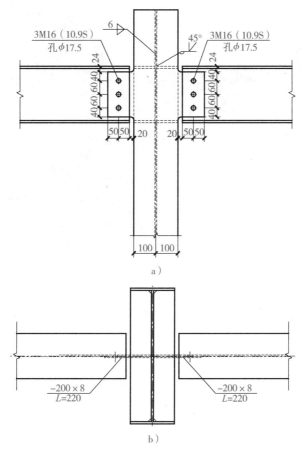

3M16（10.9S）
孔ϕ17.5

6

45°

3M16（10.9S）
孔ϕ17.5

a）

-200×8
$L=220$

-200×8
$L=220$

b）

图 2-381　框架铰接节点示意图
a）立面图　b）平面图

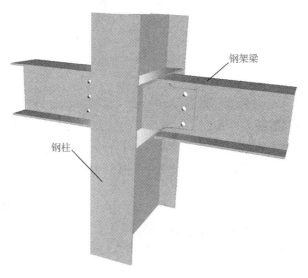

钢架梁

钢柱

图 2-382　框架铰接节点三维图

图 2-383　网架结构现场图片

设计说明要点：

（1）螺栓球节点由高强度螺栓、钢球、紧固螺钉、套筒和锥头或封板等零件组成。

（2）支座球节点底部至支座底板间的距离宜尽量减小，其构造高度视支座球节点球径大小取 100～250mm，并考虑网格结构边缘杆件与支座球节点竖向中心线间的交角，防止斜杆与支座边缘相碰。

（3）支座节点底板的净面积应满足支承结构材料的局部受压要求，其厚度应满足底板在支座竖向反作用力下的抗弯要求，不宜小于 12mm。

（4）支座肋板厚度应保证其自由边不发生侧向屈曲，不宜小于 10mm。

（5）带有过渡钢板的平板压力支座适用于抗震设防烈度低于 7 度时，周边支承或周边柱点支承的较小跨度网架，带有过渡板的平板压力支座一般不适用于有支座拉力的情况。

（6）板式橡胶支座的总厚度 t，应根据网架跨度方向的伸缩量和网架支座转角的要求来确定，一般可在短边长度的 1/10～1/5 的范围内采用，且不宜小于 40mm。为了满足支座的稳定条件，板式橡胶支座中的橡胶层总厚度 t（不包括加劲薄钢板的厚度）不应大于支座短边长度的 1/5，即 $t \leq 0.2a_r$。

施工工艺要点：

（1）支座节点竖向支承板与螺栓球节点相连时，应将球体预热至 150～200℃，以小直径焊条分层对称施焊，并保温缓慢冷却。

（2）支座节点底板的锚栓孔径宜比锚栓直径大 1～2mm，锚栓按构造要求设置时，其直径可取 20～24mm，数量取 2～4 个，对于拉力锚栓其直径应经计算确定，锚固长度不应小于 25 倍锚栓直径，并设置双螺母。

（3）当网架支座连接锚栓通过板式橡胶支座时，在橡胶支座上的锚栓孔径应比锚栓直径大 10～20mm，以免影响橡胶支座的剪切变形和移动。

（4）橡胶支座与支柱或基座的钢板或混凝土之间可采用 502 胶等胶粘剂粘结固定，并应增设限位装置。

（5）宜考虑长期使用后因橡胶老化而需要更换的条件，在橡胶垫板四周可涂以防止老化的酚醛树脂，并粘结泡沫塑料。

（6）根据檩条形式不同，檩条与支托板连接可采用螺栓连接。

◀ 第八节　天窗架连接 ▶

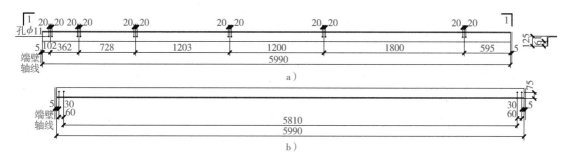

图 2-384　窗上、中档详图（通长开启）（一）示意图

a）平面图　b）1—1 剖面图

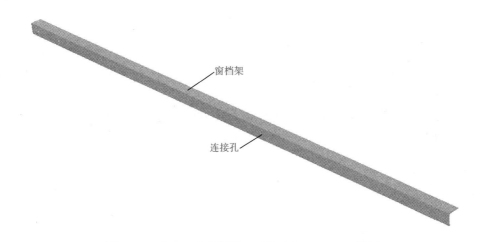

图 2-385　窗上、中档详图（通长开启）（一）三维图

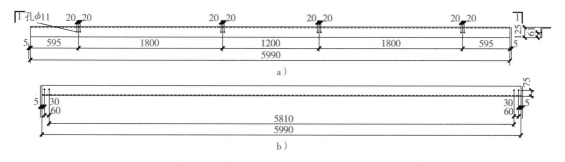

图 2-386　窗上、中档详图（通长开启）（二）示意图

a）平面图　b）1—1 剖面图

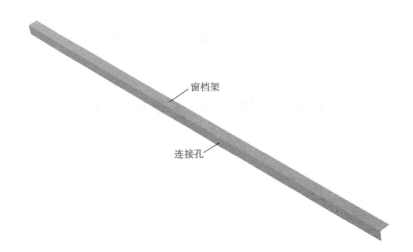

图 2-387　窗上、中档详图（通长开启）（二）三维图

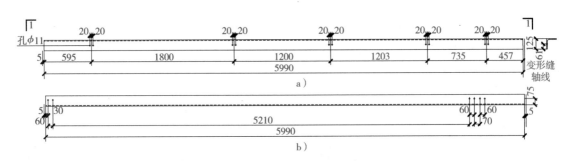

图 2-388　窗上、中档详图（通长开启）（三）示意图
a）平面图　b）1—1 剖面图

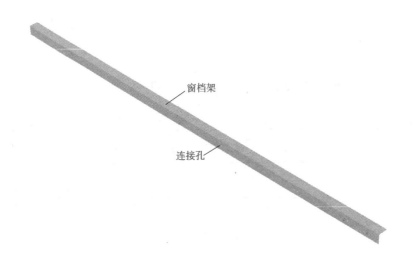

图 2-389　窗上、中档详图（通长开启）（三）三维图

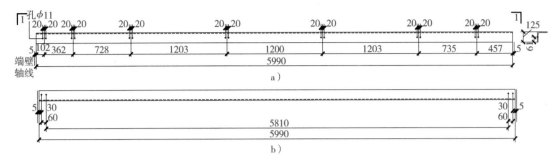

图 2-390　窗上、中档详图（通长开启）（四）示意图

a）平面图　b）1—1 剖面图

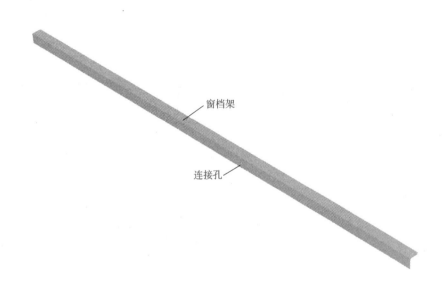

窗档架

连接孔

图 2-391　窗上、中档详图（通长开启）（四）三维图

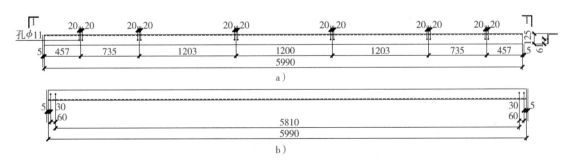

图 2-392　窗上、中档详图（通长开启）（五）示意图

a）平面图　b）1—1 剖面图

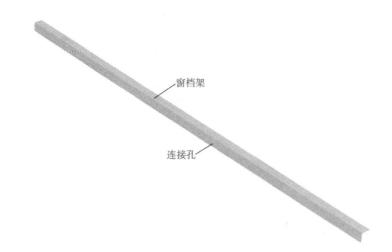

图 2-393　窗上、中档详图（通长开启）（五）三维图

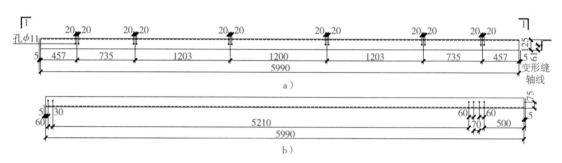

图 2-394　窗上、中档详图（通长开启）（六）示意图

a）平面图　b）1—1 剖面图

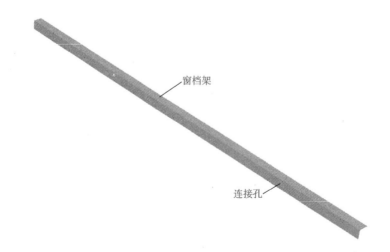

图 2-395　窗上、中档详图（通长开启）（六）三维图

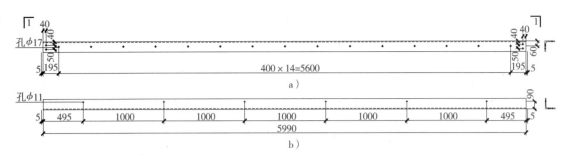

图 2-396　窗下档详图（一）示意图

a）平面图　b）1—1 剖面图

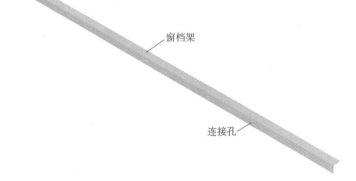

图 2-397　窗下档详图（一）三维图

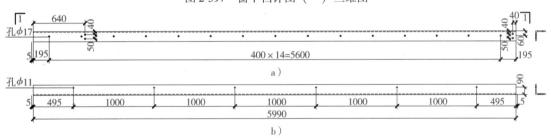

图 2-398　窗下档详图（二）示意图

a）平面图　b）1—1 剖面图

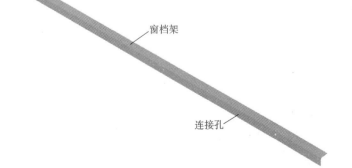

图 2-399　窗下档详图（二）三维图

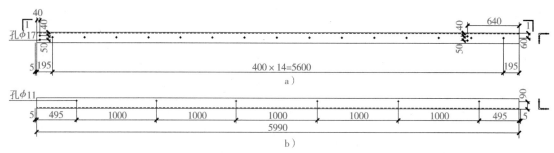

图 2-400　窗下档详图（三）示意图

a）平面图　b）1—1 剖面图

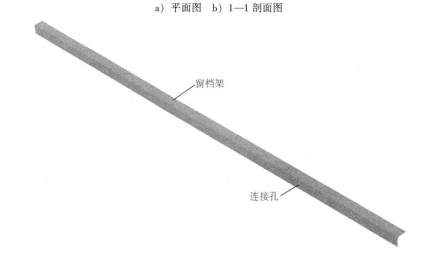

图 2-401　窗下档详图（三）三维图

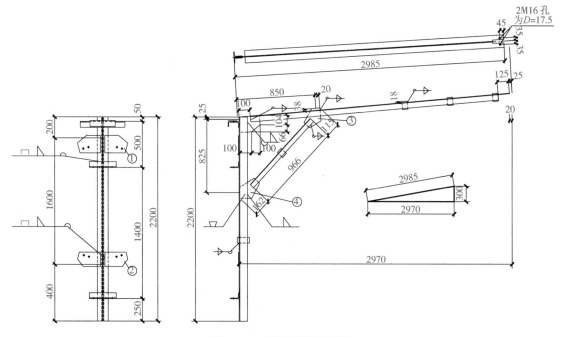

图 2-402　天窗挡风架示意图

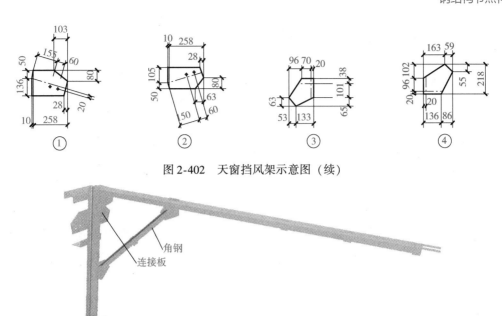

图 2-402　天窗挡风架示意图（续）

图 2-403　天窗挡风架三维图

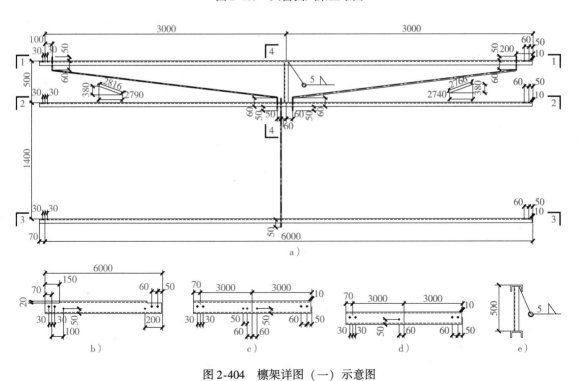

图 2-404　檩架详图（一）示意图

a）立面图　b）1—1 剖面图　c）2—2 剖面图　d）3—3 剖面图　e）4—4 剖面图

181

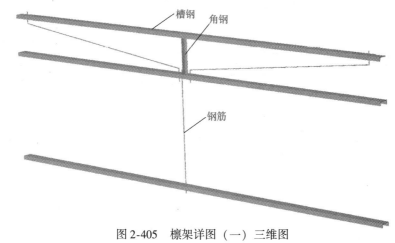

图 2-405　檩架详图（一）三维图

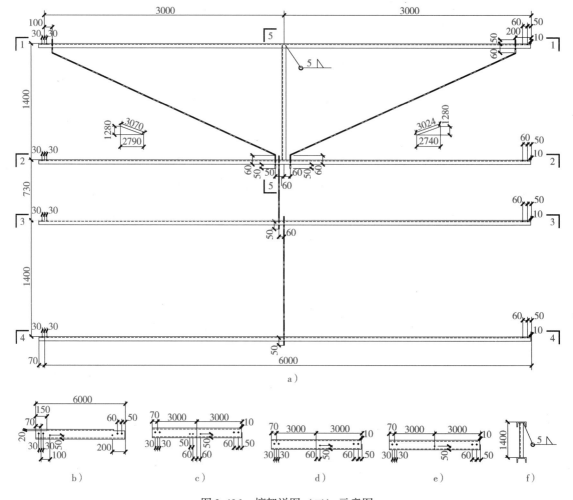

图 2-406　檩架详图（二）示意图

a）立面图　b）1—1 剖面图　c）2—2 剖面图　d）3—3 剖面图　e）4—4 剖面图　f）5—5 剖面图

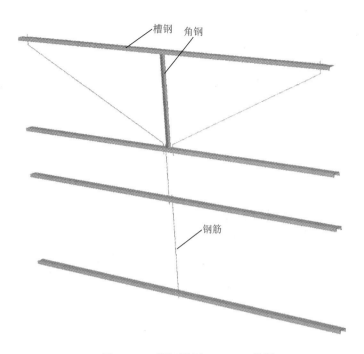

图 2-407 檩架详图 (二) 三维图

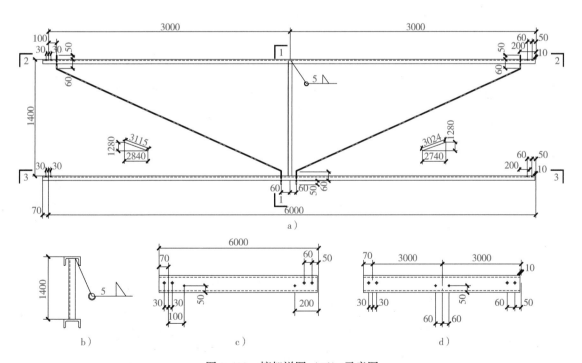

图 2-408 檩架详图 (三) 示意图

a) 立面图 b) 1—1 剖面图 c) 2—2 剖面图 d) 3—3 剖面图

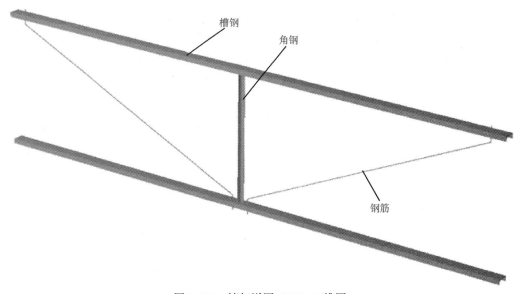

图 2-409　檩架详图（三）三维图

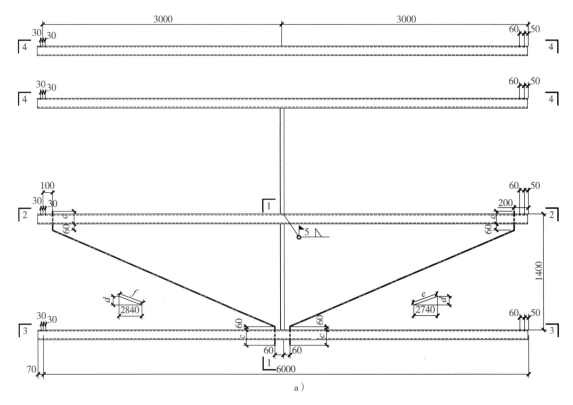

图 2-410　檩架详图（四）示意图

a）立面图

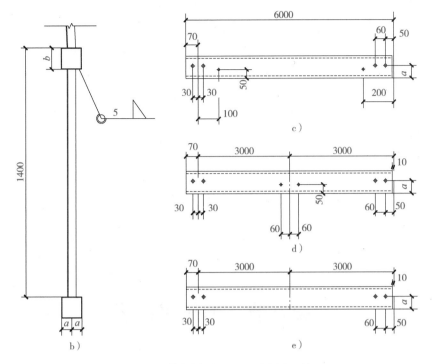

图 2-410　檩架详图（四）示意图（续）

b）1—1 剖面图　c）2—2 剖面图　d）3—3 剖面图　e）4—4 剖面图

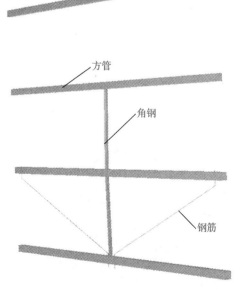

图 2-411　檩架详图（四）三维图

图 2-412　天窗架连接现场图片

表 2-10　檩架参数

a	b	c	d	e	f
60	120	170	1160	2975	3068
70	140	190	1140	2968	3060
70	140	190	1140	2968	3060

设计说明要点：

连接中当采用普通 C 级螺栓紧固时，螺栓的直径不应小于 16mm。

施工工艺要点：

（1）所有焊缝一律满焊，焊缝高度 ≥6mm，焊缝长度 ≥1.5 倍的角钢肢长，并不小于 100mm。

（2）所有焊缝应满足《钢结构工程质量验收规范》中的三级焊缝等级。

◀ 第九节　钢托架连接 ▶

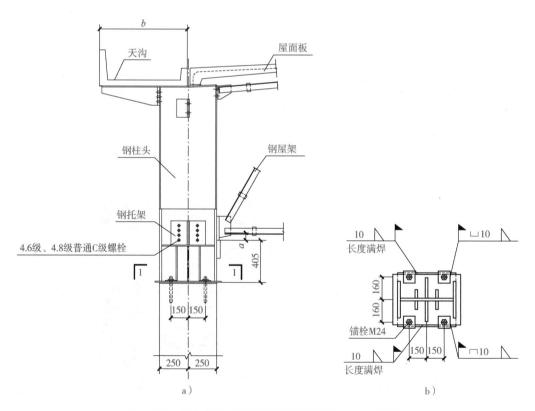

图 2-413　钢托架非抗震设防区安装节点（一）示意图

a）立面图　b）1—1 剖面图

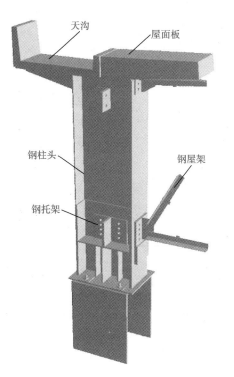

图 2-414　钢托架非抗震设防区
安装节点（一）三维图

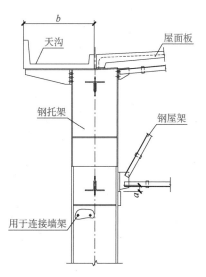

图 2-415　钢托架非抗震设防区
安装节点（二）立面图

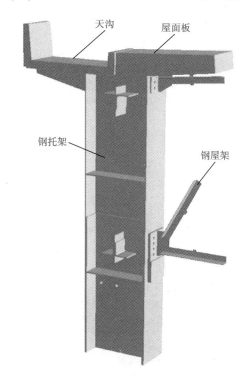

图 2-416　钢托架非抗震设防区安装节点（二）三维图

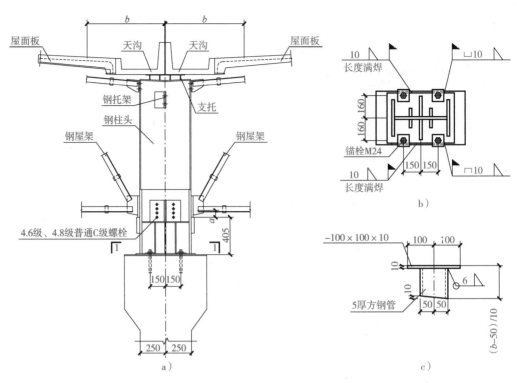

图 2-417　钢托架非抗震设防区
安装节点（三）示意图
a）立面图　b）1—1 剖面图　c）支托

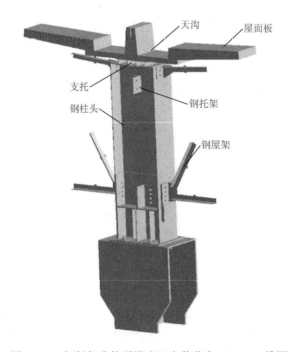

图 2-418　钢托架非抗震设防区安装节点（三）三维图

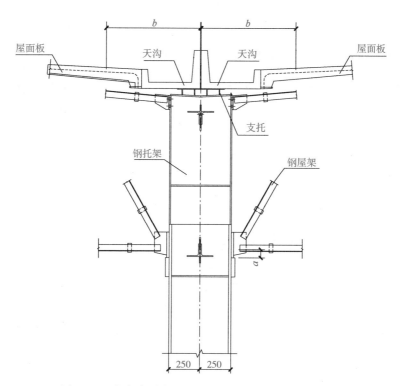

图 2-419　钢托架非抗震设防区安装节点（四）立面图

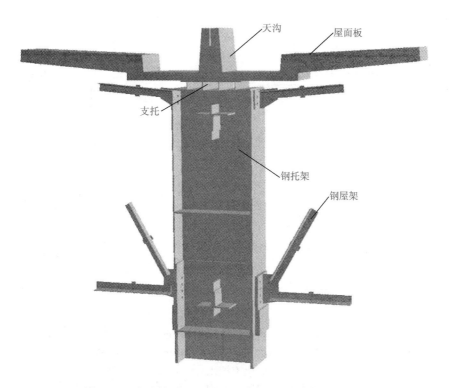

图 2-420　钢托架非抗震设防区安装节点（四）三维图

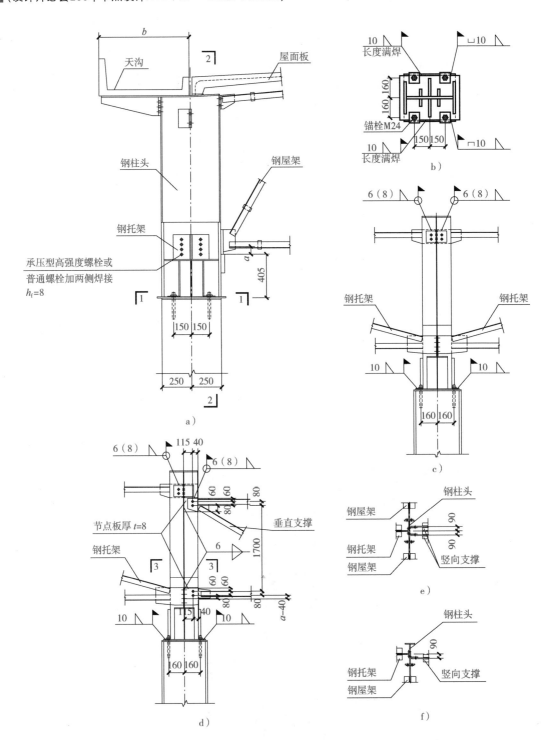

图 2-421　钢托架抗震设防区安装节点（一）示意图

a) 立面图　b) 1—1 剖面图　c) 2—2 剖面图（两边有托架）

d) 2—2 剖面图（一边有托架，另一边设有垂直支撑）

e) 3—3 剖面图（用于中列柱）　f) 3—3 剖面图（用于边列柱）

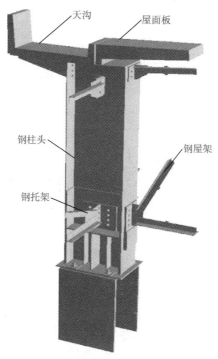

图 2-422 钢托架抗震设防区安装节点 (一) 三维图

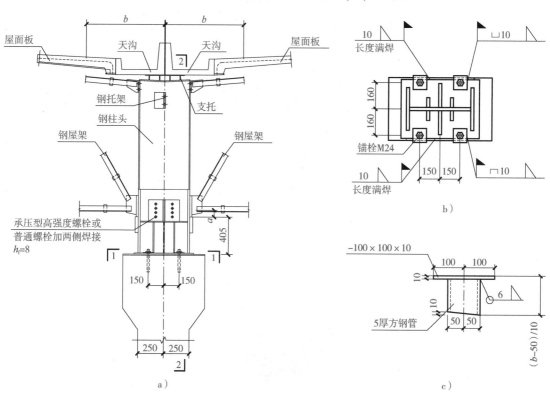

图 2-423 钢托架抗震设防区安装节点 (二) 示意图
a) 立面图 b) 1—1 剖面图 c) 支托

191

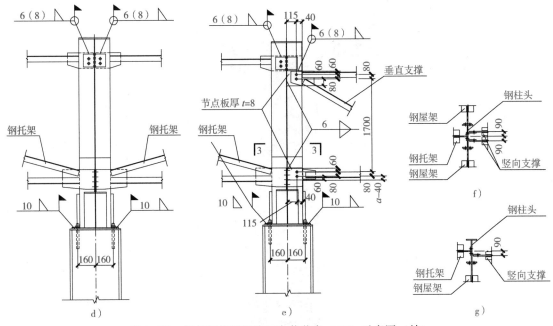

图 2-423　钢托架抗震设防区安装节点（二）示意图（续）

d) 2—2 剖面图（两边有托架）

e) 2—2 剖面图（一边有托架，另一边设有垂直支撑）

f) 3—3 剖面图（用于中列柱）　　g) 3—3 剖面图（用于边列柱）

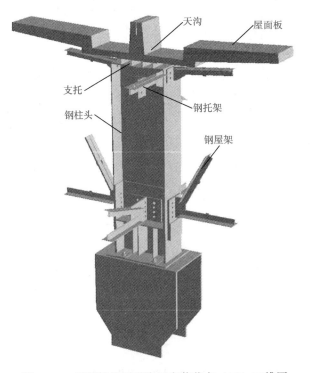

图 2-424　钢托架抗震设防区安装节点（二）三维图

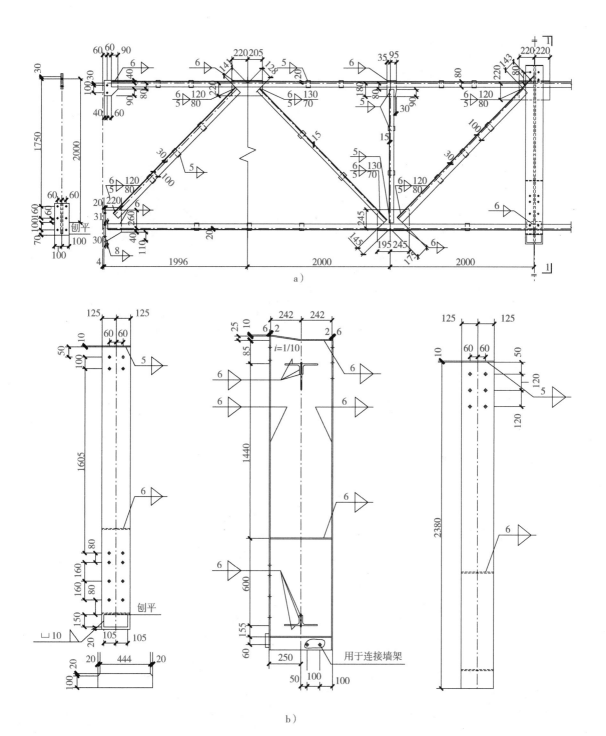

图 2-425　钢托架（一）示意图
a）立面图　b）1—1 剖面图

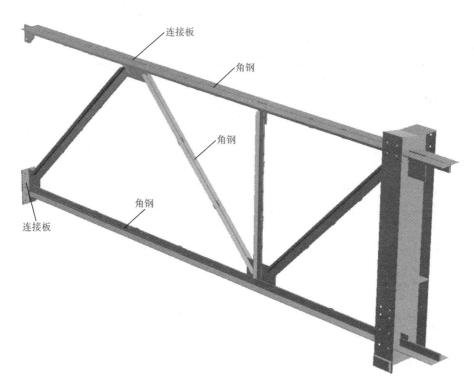

图 2-426　钢托架（一）三维图

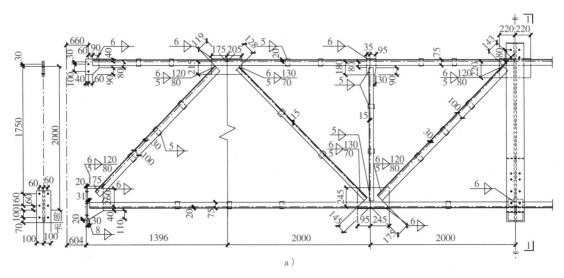

图 2-427　钢托架（二）示意图

a）立面图

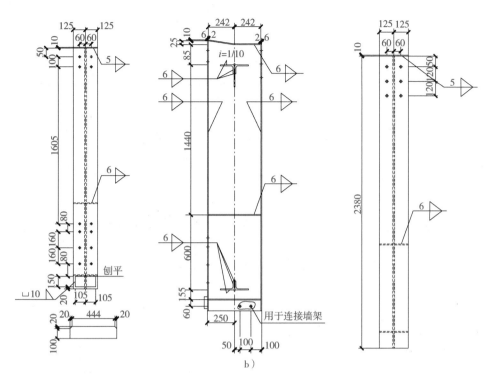

图 2-427　钢托架（二）示意图（续）

b）1—1 剖面图

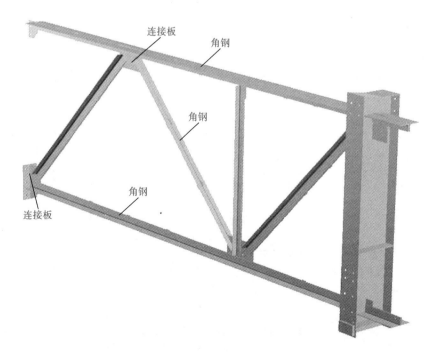

图 2-428　钢托架（二）三维图

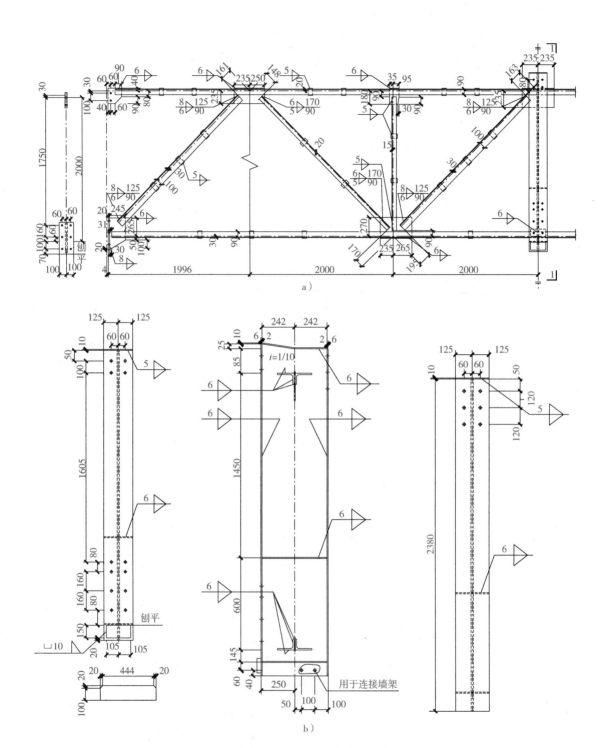

图 2-429 钢托架(三)示意图

a) 立面图 b) 1—1 剖面图

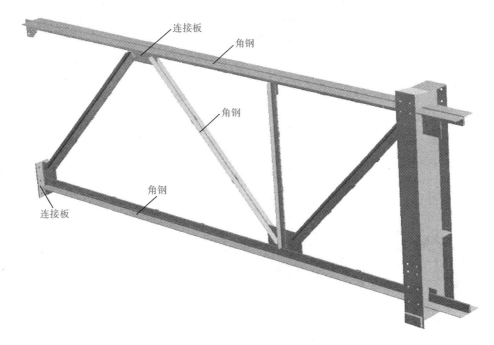

图 2-430　钢托架（三）三维图

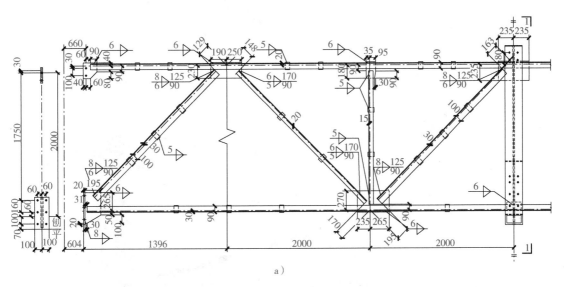

a）

图 2-431　钢托架（四）示意图

a）立面图

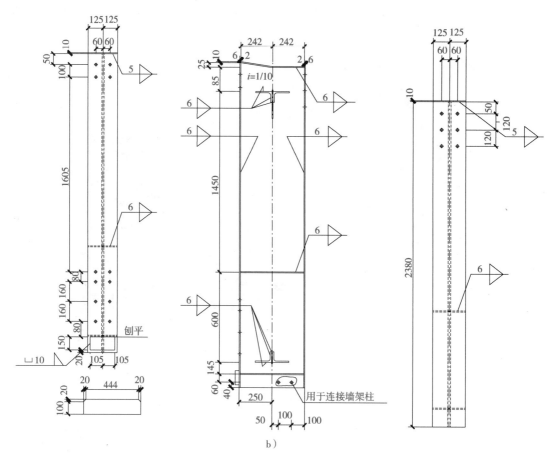

图 2-431　钢托架（四）示意图（续）
b）1—1 剖面图

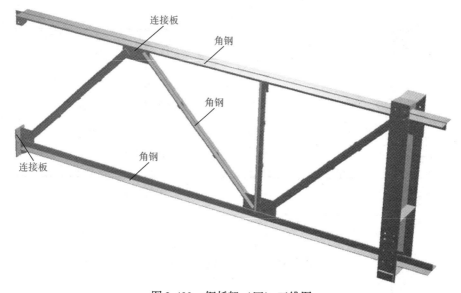

图 2-432　钢托架（四）三维图

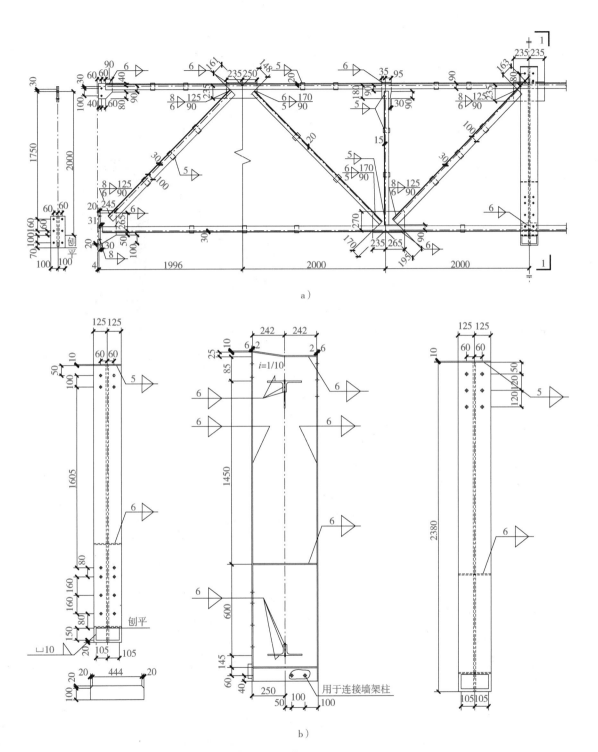

图 2-433　钢托架（五）示意图

a）立面图　b）1—1 剖面图

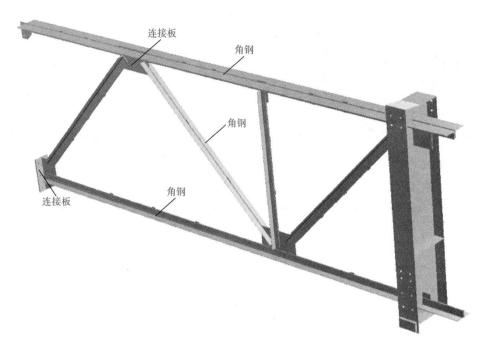

图 2-434　钢托架（五）三维图

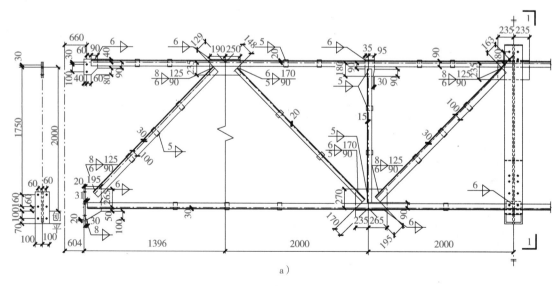

a）

图 2-435　钢托架（六）示意图

a）立面图

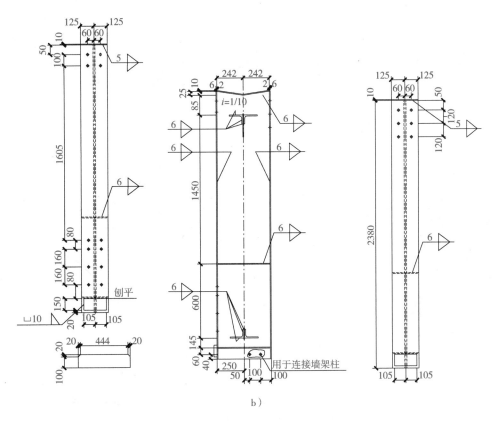

图 2-435　钢托架（六）示意图（续）

b）1—1 剖面图

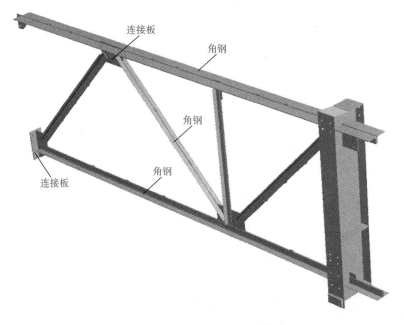

图 2-436　钢托架（六）三维图

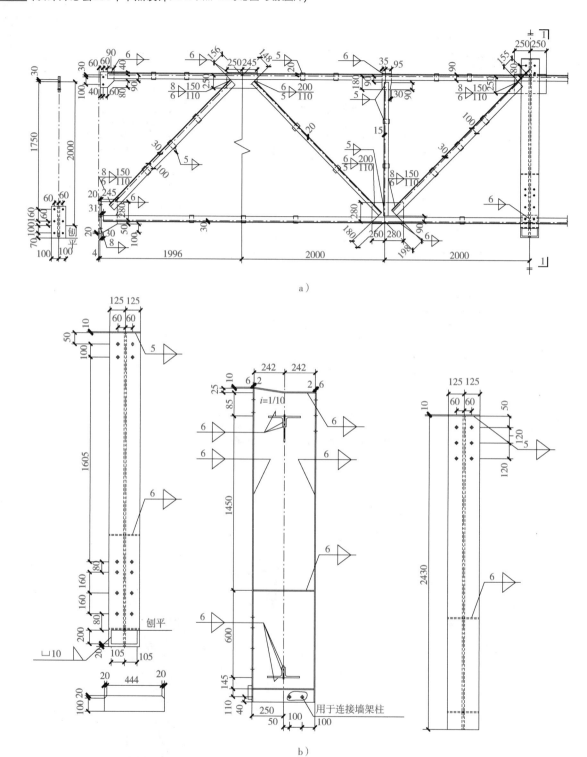

图 2-437　钢托架（七）示意图

a）立面图　b）1—1 剖面图

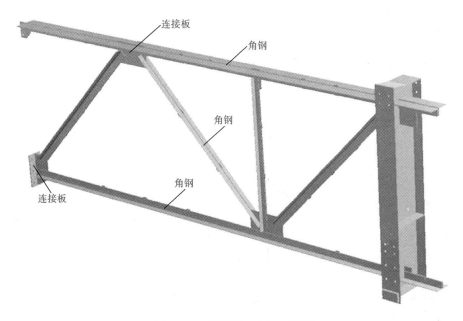

图 2-438　钢托架（七）三维图

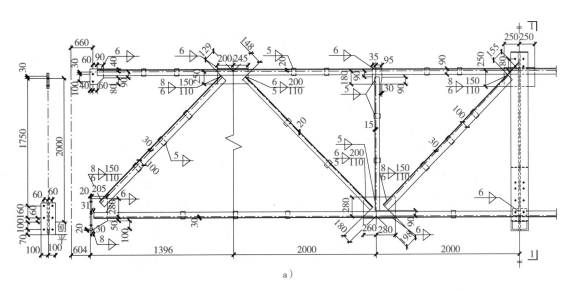

a）

图 2-439　钢托架（八）示意图

a）立面图

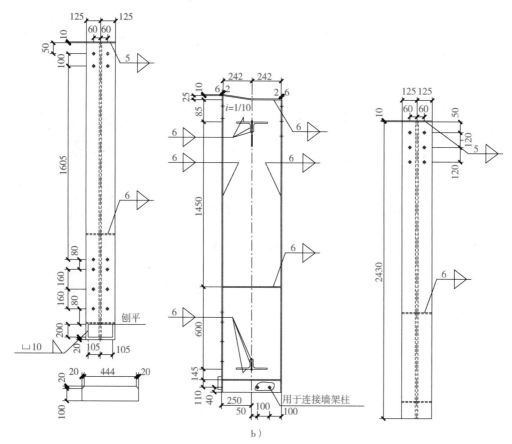

图 2-439 钢托架（八）示意图（续）

b）1—1 剖面图

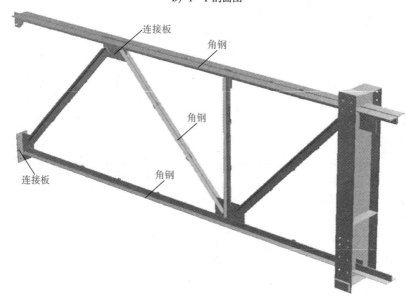

图 2-440 钢托架（八）三维图

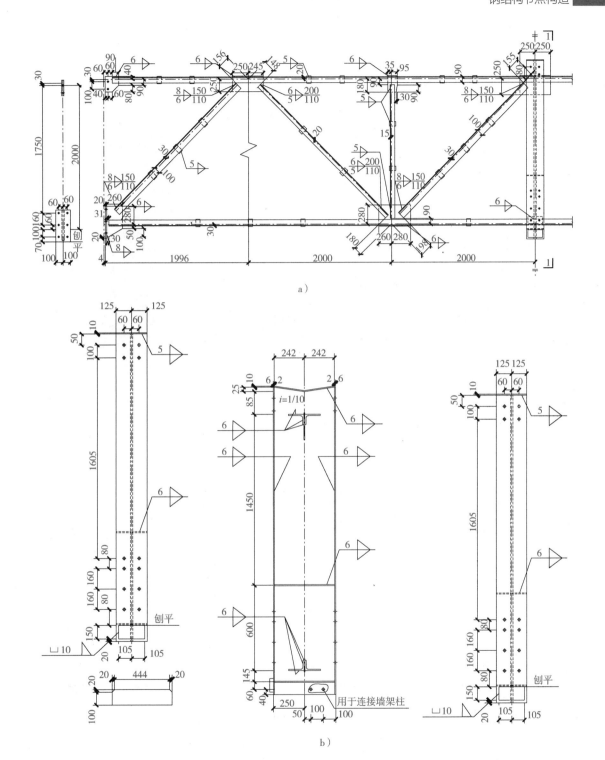

图 2-441　钢托架 (九) 示意图

a) 立面图　b) 1—1 剖面图

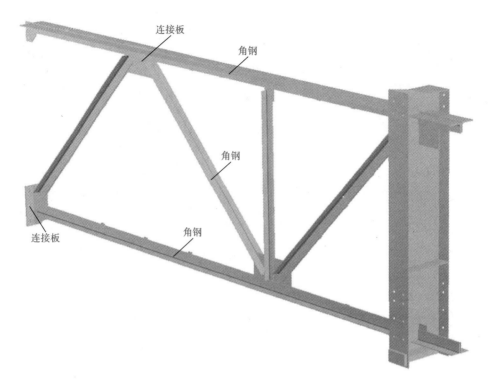

图 2-442　钢托架（九）三维图

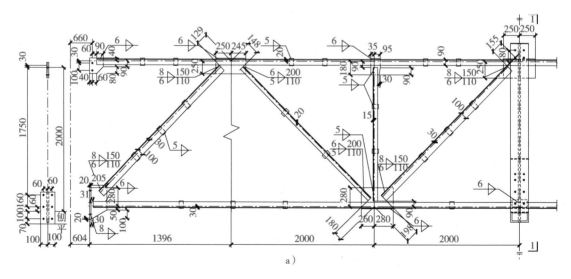

a）

图 2-443　钢托架（十）示意图

a）立面图

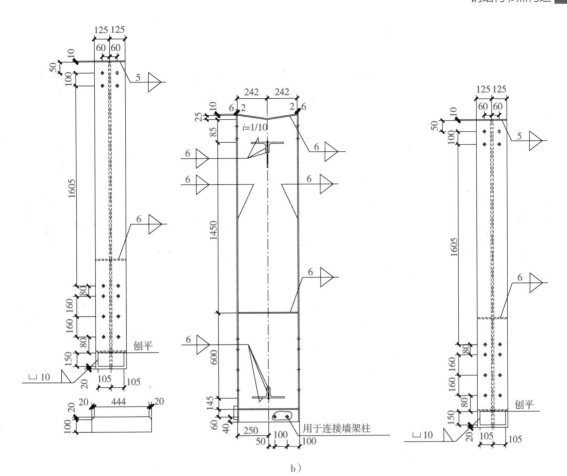

图 2-443　钢托架（十）示意图（续）

b）1—1 剖面图

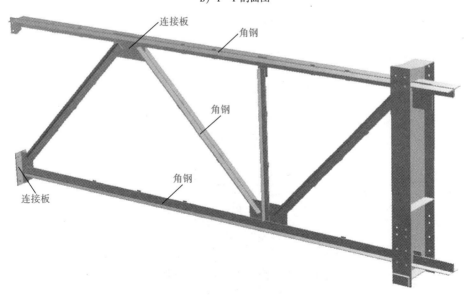

图 2-444　钢托架（十）三维图

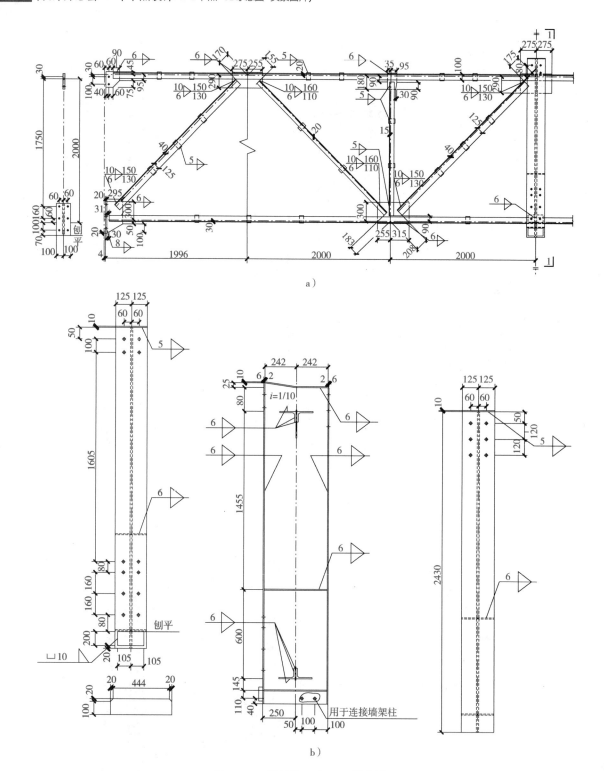

图 2-445　钢托架（十一）示意图

a）立面图　b）1—1 剖面图

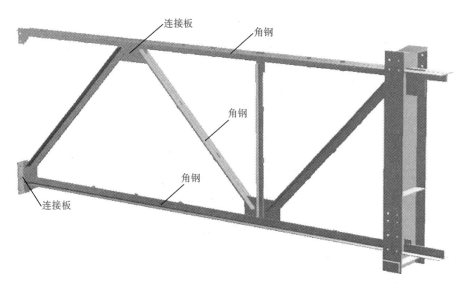

图 2-446 钢托架（十一）三维图

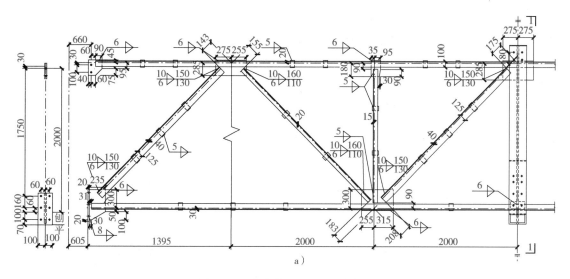

a）

图 2-447 钢托架（十二）示意图

a）立面图

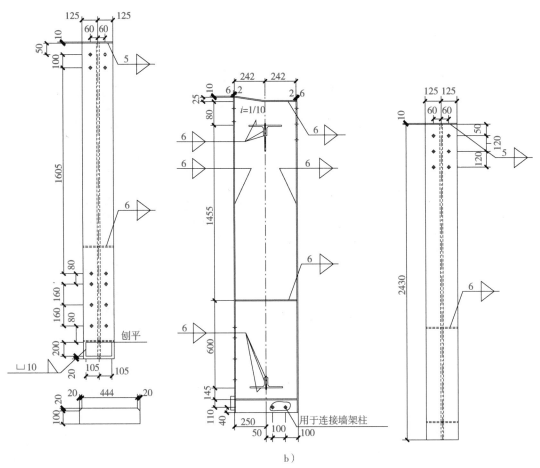

b）

图 2-447　钢托架（十二）示意图（续）

b）1—1 剖面图

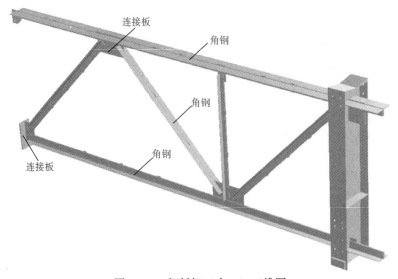

图 2-448　钢托架（十二）三维图

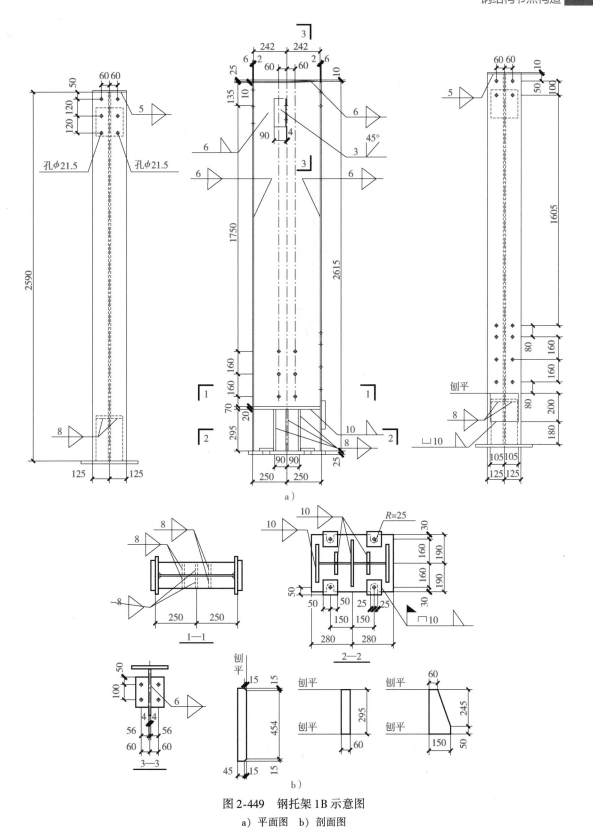

图 2-449　钢托架 1B 示意图

a）平面图　b）剖面图

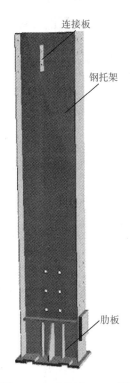

连接板

钢托架

肋板

图 2-450 钢托架 1B 三维图

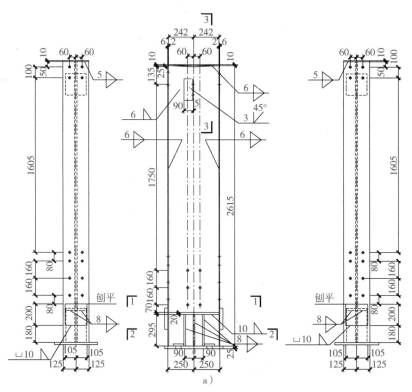

图 2-451 钢托架 1Z 示意图

a) 平面图

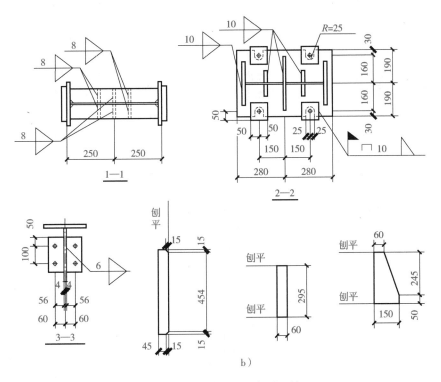

1—1

2—2

3—3

b)

图 2-451　钢托架 1Z 示意图（续）

b）剖面图

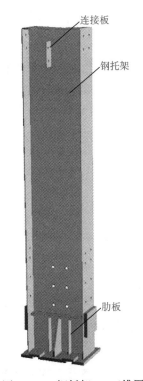

连接板

钢托架

肋板

图 2-452　钢托架 1Z 三维图

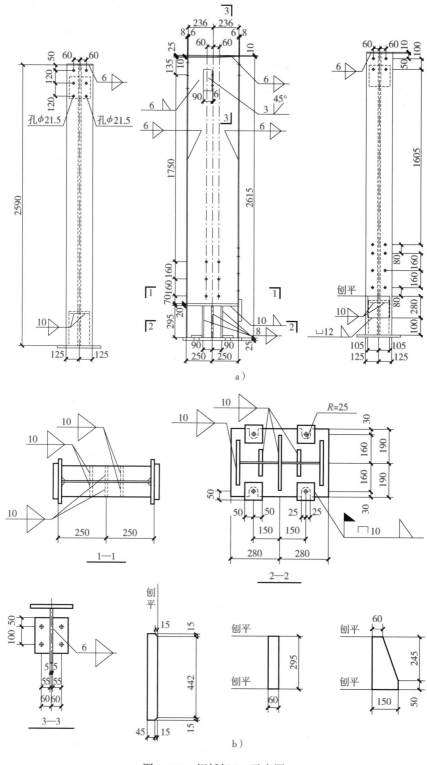

图 2-453　钢托架 2B 示意图

a）平面图　b）剖面图

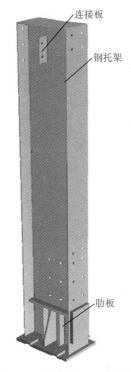

图 2-454　钢托架 2B 三维图

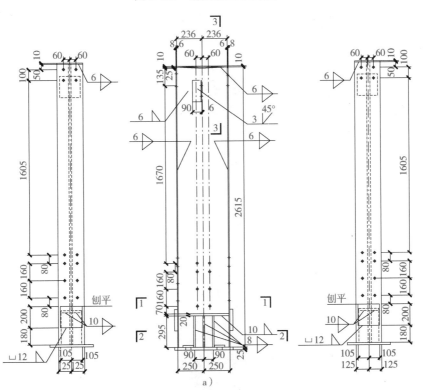

图 2-455　钢托架 2Z 示意图

a）平面图

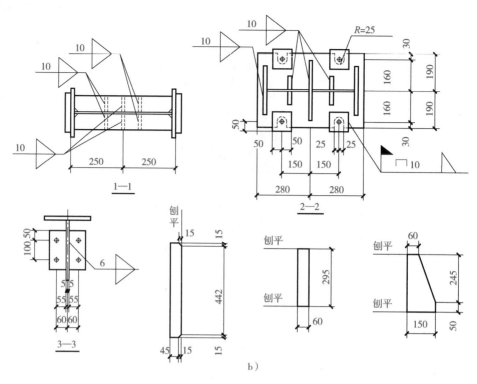

图 2-455　钢托架 2Z 示意图（续）
b）剖面图

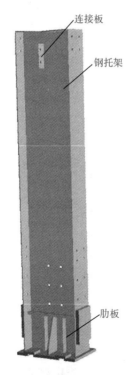

图 2-456　钢托架 2Z 三维图

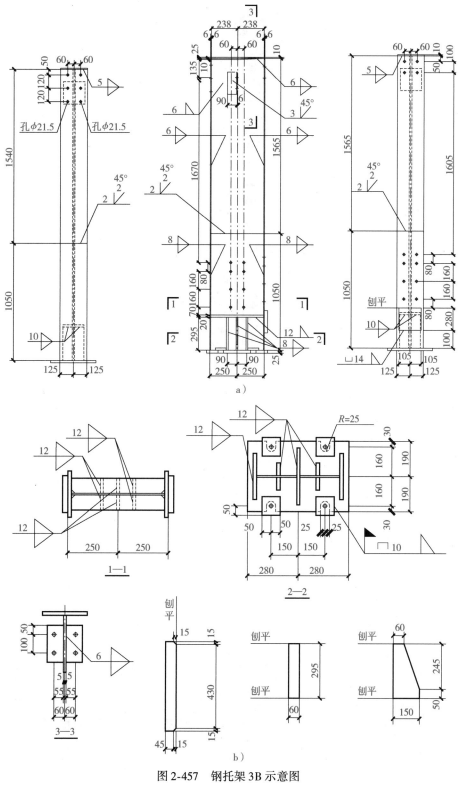

图 2-457　钢托架 3B 示意图

a）平面图　b）剖面图

图 2-458 钢托架 3B 三维图

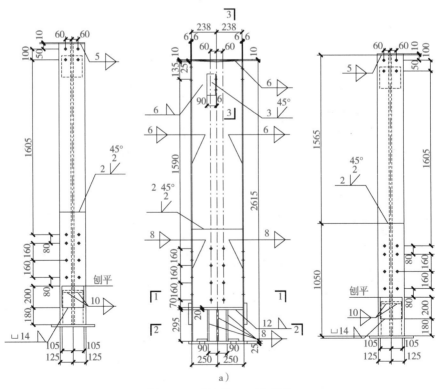

图 2-459 钢托架 3Z 示意图

a) 平面图

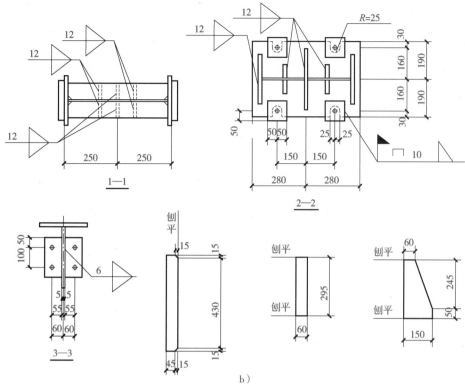

图 2-459　钢托架 3Z 示意图（续）
b）剖面图

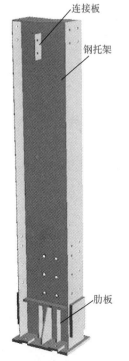

图 2-460　钢托架 3Z 三维图

图 2-461　钢托架现场图片

设计说明要点：

（1）在屋盖系统中，屋架与托架、屋架与柱、托架与柱的连接，应尽量对称布置，屋架（托架）的反力着力点尽量靠近形心，防止由偏心而产生的扭转。

（2）支承托架上部端板的支托，通常采用厚度为3040mm的钢板制成，其宽度为托架支承板宽度加50~60mm，高度不宜小于180mm。

施工工艺要点：

（1）焊缝一律满焊。

（2）支托与钢柱的连接通常采用三面围焊的角焊缝，焊脚尺寸不宜小于10mm。

（3）托架上部主要支承节点处的托架支承端板与钢柱连接所采用的普通C级螺栓，通常按构造要求成对配置（6个M20）螺栓。

（4）托架下部端节点处的下弦杆采用水平连接板和普通C级螺栓紧固，此时连接处一侧采用的螺栓不宜少于2个M20。

◀ 第十节　钢梯节点构造 ▶

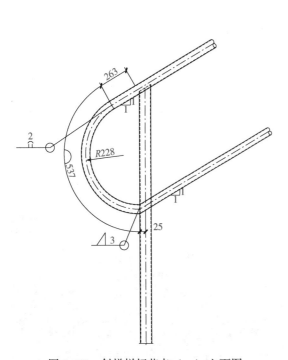

图 2-462　斜梯栏杆节点（一）立面图

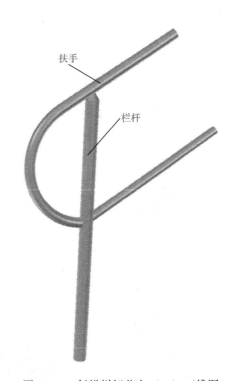

图 2-463　斜梯栏杆节点（一）三维图

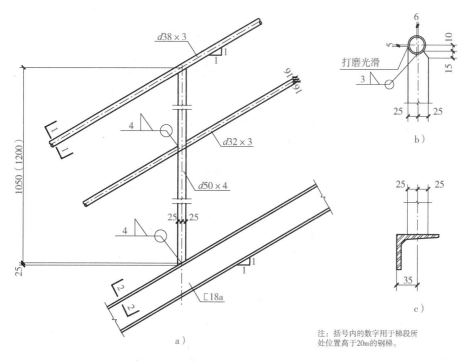

注：括号内的数字用于梯段所处位置高于20m的钢梯。

图 2-464 斜梯栏杆节点（二）示意图

a）立面图 b）1—1 剖面图 c）2—2 剖面图

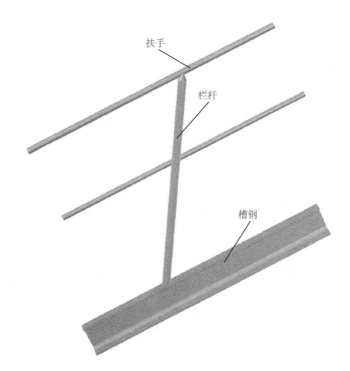

图 2-465 斜梯栏杆节点（二）三维图

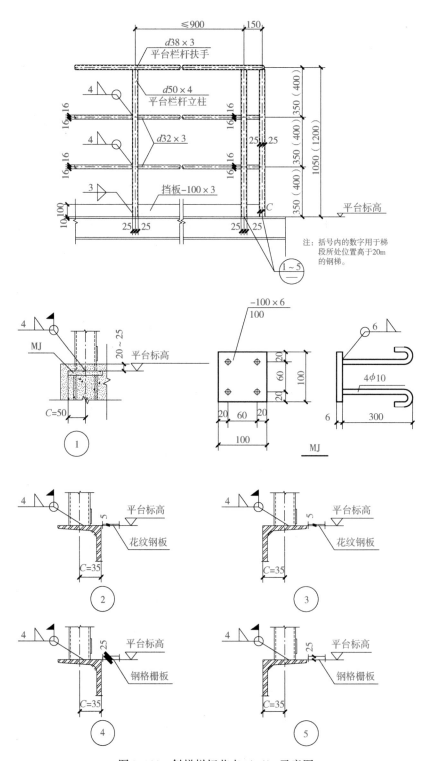

注：括号内的数字用于梯段所处位置高于20m的钢梯。

图 2-466　斜梯栏杆节点（三）示意图

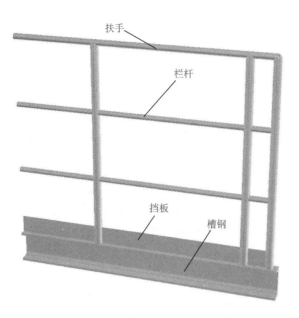

图 2-467 斜梯栏杆节点（三）三维图

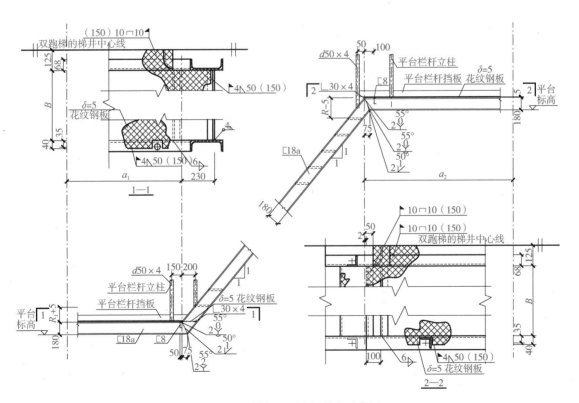

图 2-468 梯梁及平台板节点示意图

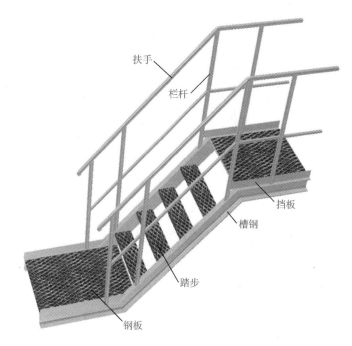

图 2-469　梯梁及平台板节点三维图

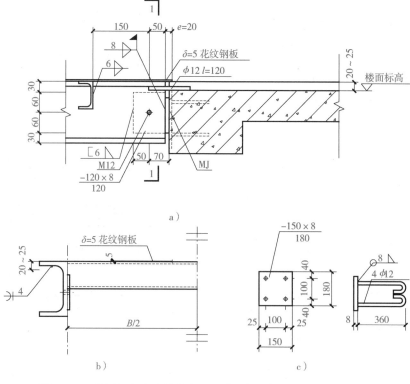

图 2-470　梯梁与支座连接节点——梯梁与混凝土梁的连接示意图

a) 立面图　b) 1—1 剖面图　c) MJ 详图

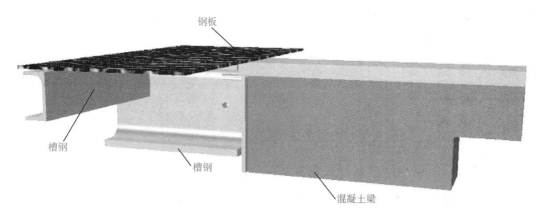

图 2-471　梯梁与支座连接节点——梯梁与混凝土梁的连接三维图

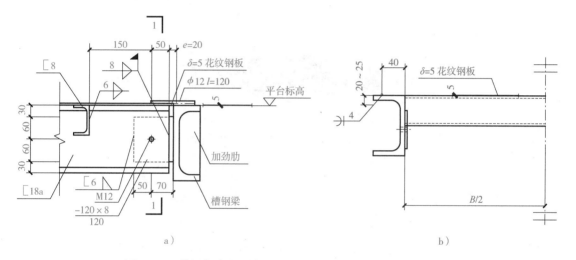

图 2-472　梯梁与支座连接节点——梯梁与槽钢梁的连接示意图
a) 立面图　b) 1—1 剖面图

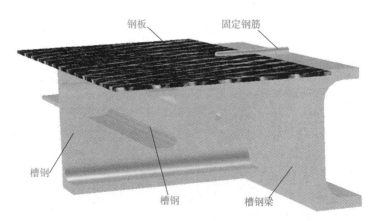

图 2-473　梯梁与支座连接节点——梯梁与槽钢梁的连接三维图

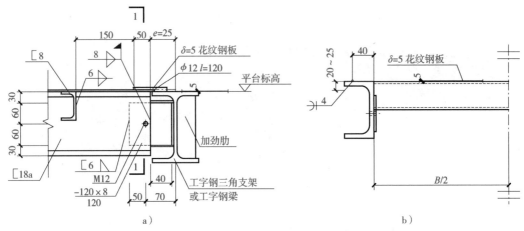

图 2-474　梯梁与支座连接节点——梯梁与工字钢梁和三角支架的连接示意图

a) 立面图　b) 1—1 剖面图

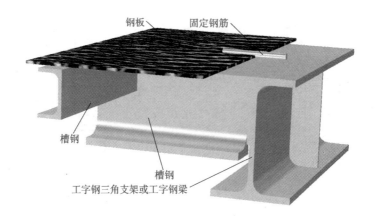

图 2-475　梯梁与支座连接节点——梯梁与工字钢梁和三角支架的连接三维图

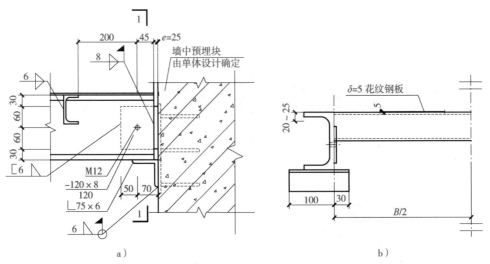

图 2-476　梯梁与支座连接节点——梯梁与砖墙预埋块的连接示意图

a) 立面图　b) 1—1 剖面图

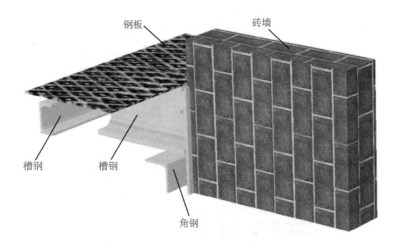

图 2-477　梯梁与支座连接节点——梯梁与砖墙预埋块的连接三维图

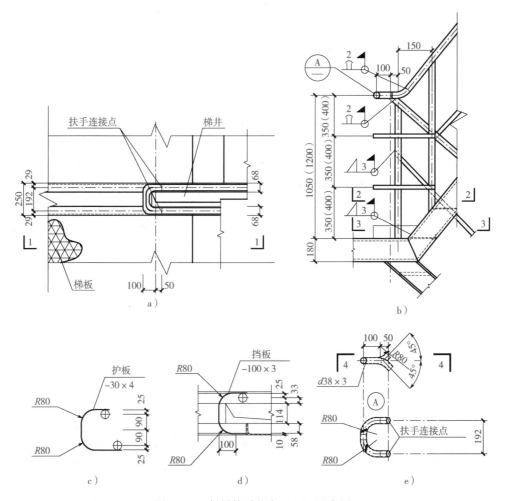

图 2-478　斜梯扶手节点（一）示意图
a）平面图　b）1—1 剖面图　c）2—2 剖面图　d）3—3 剖面图　e）4—4 剖面图

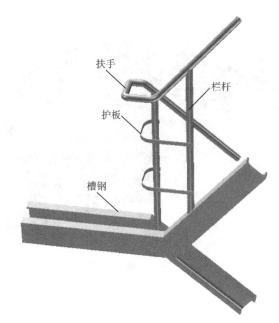

图 2-479　斜梯扶手节点（一）三维图

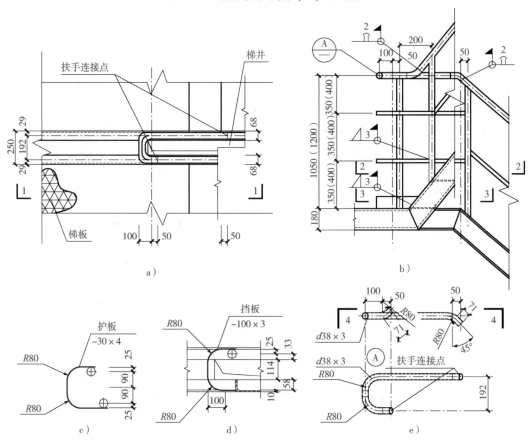

图 2-480　斜梯扶手节点（二）示意图

a）平面图　b）1—1 剖面图　c）2—2 剖面图　d）3—3 剖面图　e）4—4 剖面图

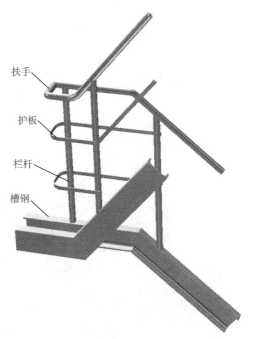

图 2-481　斜梯扶手节点（二）三维图

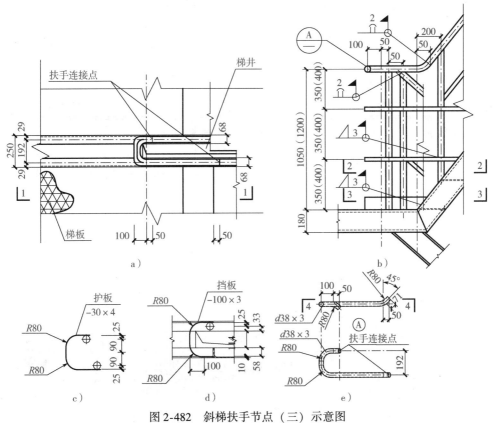

图 2-482　斜梯扶手节点（三）示意图

a）平面图　b）1—1 剖面图　c）2—2 剖面图　d）3—3 剖面图　e）4—4 剖面图

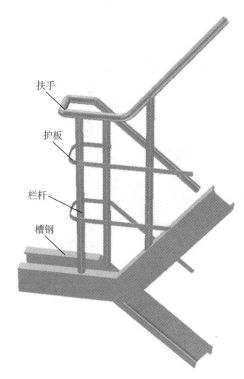

扶手
护板
栏杆
槽钢

图 2-483　斜梯扶手节点（三）三维图

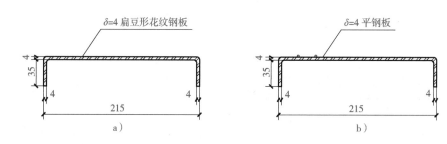

$\delta=4$ 扁豆形花纹钢板　　　　$\delta=4$ 平钢板

a)　　　　　　　　　　　b)

图 2-484　踏步板（一）示意图
a）花纹钢板　b）平钢板

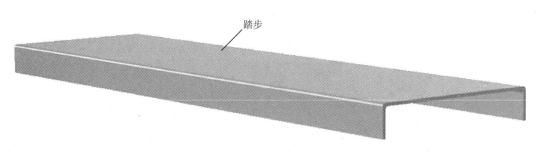

踏步

图 2-485　踏步板（一）三维图

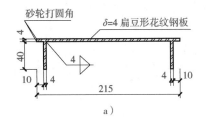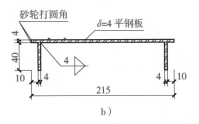

图 2-486　踏步板（二）示意图

a）花纹钢板　b）平钢板

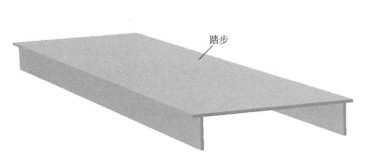

图 2-487　踏步板（二）三维图

图 2-488　钢梯现场图片

设计说明要点：

（1）斜梯水平段平台板中部开设直径 10mm 泄水孔。

（2）对接焊缝质量等级为二级，角焊缝质量等级为三级。

施工工艺要点：

（1）两边、三边和多边围焊缝在转角处必须连续施焊。

（2）钢格板或钢格栅踏步板的安装，如采用焊接固定时，焊后应去除焊渣和飞溅，手工涂两道防腐漆。

第三章

钢结构施工安全防护

一、 图牌

1. 术语和定义

（1）安全标志　用以表达特定安全信息的标志，由图形符号、安全色、几何形状（边框）或文字构成。

（2）安全色　传递安全信息含义的颜色，包括红、蓝、黄、绿四种颜色。

（3）禁止标志　禁止人们不安全行为的图形标志。

（4）警告标志　提醒人们对周围环境引起注意，以避免可能发生危险的图形标志。

（5）指令标志　强制人们必须做出某种动作或者采用防范措施的图形标志。

（6）提示标志　向人们提供某种信息（如标明安全设施或场所等）的图形标志。

2. 一般规定

1）本图集的安全标志主要包括禁止、警告、指令、提示四类，施工项目可根据实际情况选择，作为本项目的安全警示标牌。安全警示标牌的设置应符合行业标准《建筑工程施工现场标志设置技术规程》（JGJ 348—2014）的要求。

2）施工项目可根据项目实际情况选择性设置安全生产倒计时牌、竣工倒计时牌、安全宣讲背景牌等其他标志。

3）上述各类图牌建议采用镀锌钢板（特殊使用环境下除外）、PVC板或铝塑板制成，面层可采用刀刻不干胶材料，应具有防雨、防晒、不褪色等耐久性功能，有触电危险的作业场所应使用绝缘材料。

4）安全警示牌应挂设在钢结构施工区域的醒目位置，不得有遮挡或污损。标志牌设置的高度，应尽量与人眼的视线高度相一致。悬挂式和柱式的环境信息标志牌的下缘距地面的高度不宜小于2m；局部信息标志的设置高度应视具体情况确定。

5）标志牌不应设在门、窗、架等可移动的物体上，以免标志牌随母体移动，影响认读。标志牌前不得放置妨碍认读的障碍物。

6）多个安全警示标牌在一起设置时，应按禁止、警告、指令、提示类型的顺序，先左后右、先上后下地排列。

注：

（1）禁止标志牌的基本形状应为带斜杠的圆边框，文字辅写框应在其正下方（图3-1）。禁止标志的颜色应为白底、红圈、红斜杠、黑图形符号；文字辅助标志应为红底白字（图3-2）。

（2）禁止标志的基本尺寸宜根据最大设置观察点的距离确定，并宜符合表3-1的规定。

（3）禁止内容根据图标自定。

禁止通行	禁止入内	禁止跨越	禁止攀登
禁止烟火	禁止吸烟	禁止放易燃物	禁止堆放

图3-1　禁止标志牌

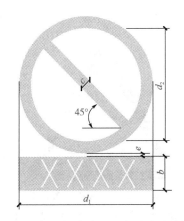

图3-2　禁止标志牌的基本形式及示例

表3-1　禁止标志尺寸与最大观察距离的关系

	观察距离/m	10	15	20
标志尺寸/mm	外径及文字辅助标志宽度 d_1	250	375	500
	内径 d_2	200	300	400
	文字辅助标志宽度 b	75	115	150
	斜杠宽度 c	20	30	40
	间隙宽度 e	5	10	10

注：

（1）警告标志的基本形状应为等边三角形，顶角朝上，文字辅助标志应在其正下方（图3-3）。其颜色应为黄底、黑边、黑图形符号；文字辅助标志应为白底黑字（图3-4）。

（2）警告标志的基本尺寸宜根据最大观察距离确定，并宜符合表 3-2 的规定。

（3）警告内容根据图标自定。

图 3-3 警告标志牌

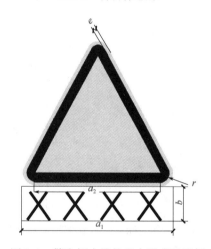

图 3-4 警告标志牌的基本形式及示例

表 3-2 警告标志尺寸与最大观察距离的关系

观察距离/m		10	15	20
标志尺寸/mm	三角形外边长及文字辅助标志长度 a_1	340	510	680
	三角形内边长 a_2	240	360	480
	文字辅助标志宽度 b	100	150	200
	黑边圆角半径 r	20	30	40
	黄色衬边宽度 e	10	15	15

注：

（1）指令标志的基本形状应为圆形，文字辅助标志应在其正下方（图3-5）。其颜色应为蓝底、白图形符号；文字辅助标志应为蓝底白字（图3-6）。

（2）指令标志的基本尺寸宜根据最大观察距离确定，并宜符合表3-3的规定。

（3）指令内容根据图标自定。

图3-5　指令标志牌

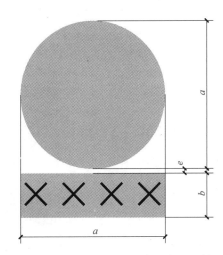

图3-6　指令标志牌的基本形式及示例

表3-3　指令标志尺寸与最大观察距离的关系

	观察距离/m	10	15	20
标志尺寸/mm	标志外径及文字辅助标志长度 a	250	375	500
	文字辅助标志宽度 b	75	115	150
	间隙宽度 e	5	10	10

注：

（1）提示标志的基本形状应为正方形，文字辅助标志应在其正下方（图3-7）。其颜色应为绿底、白图案、白字；文字辅助标志应为绿底白字（图3-8）。

（2）提示标志的基本尺寸宜根据最大观察距离确定，并宜符合表3-4的规定。

（3）提示内容根据图标自定，指示目标的位置时应加方向辅助标志，并应按实际需要指示方向。辅助标志应放在图形标的相应方向。

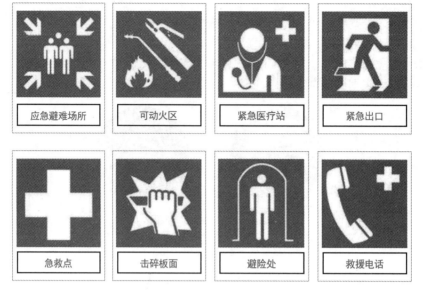

图 3-7　提示标志牌

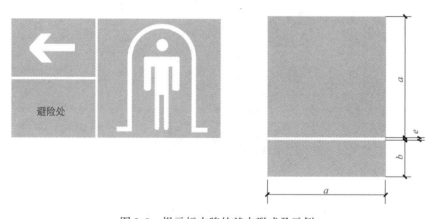

图 3-8　提示标志牌的基本形式及示例

表 3-4　提示标志尺寸与最大观察距离的关系

观察距离/m		10	15	20
标志尺寸/mm	正方形边长及文字辅助标志长度 a	250	375	500
	文字辅助标志宽度 b	75	110	150
	间隙宽度 e	5	10	10

二、个人劳动防护措施一般规定

1）从事钢结构施工作业的人员必须配备符合国家现行有关标准的劳动防护用品，并应按规定正确使用。

2）劳动防护用品的配备，应按照"谁用工，谁负责"的原则，由用人单位为作业人员按作业工种配备。

3）进入施工现场人员必须佩戴安全帽。作业人员必须戴安全帽、穿工作鞋和工作服；应按作业要求正确使用劳动防护用品。在2m及以上的无可靠安全防护设施的高处、悬崖和陡坡作业时，必须系挂安全带。

4）从事机械作业的女工及长发者应配备工作帽等个人防护用品。

5）从事登高架设作业、起重吊装作业的施工人员应配备防止滑落的劳动防护用品，应为从事自然强光环境下作业的施工人员配备防止强光伤害的劳动防护用品。

6）从事施工现场临时用电工程作业的施工人员应配备防止触电的劳动防护用品。

7）从事焊接作业的施工人员应配备防止触电、灼伤、强光伤害的劳动防护用品。

8）从事防水、防腐和油漆作业的施工人员应配备防止触电、中毒、灼伤的劳动防护用品。

9）从事基础施工、主体结构、屋面施工、装饰装修作业的人员应配备防止身体、手足、眼部等受到伤害的劳动防护用品。

10）冬期施工期间或作业环境温度较低时，应为作业人员配备防寒类防护用品。

11）雨期施工期间应为室外作业人员配备雨衣、雨鞋等个人防护用品。对环境潮湿及水中作业的人员应配备相应的劳动防护用品。

12）建筑施工企业应选定劳动防护用品的合格供货方，为作业人员配备符合国家有关规定的劳动防护用品，且应具备生产许可证、产品合格证等相关资料，经本单位安全生产管理部门审查合格后方可使用。施工企业不得采购和使用无厂家名称、无产品合格证、无安全标志的劳动防护用品。

13）劳动防护用品的使用年限应按国家现行相关标准执行。劳动防护用品达到使用年限或报废标准的应由建筑施工企业统一收回报废，并应为作业人员配备新的劳动防护用品。劳动防护用品有定期检测要求的应按照其产品的检测周期进行检测。

14）建筑施工企业应建立健全劳动防护用品购买、验收、保管、发放、使用、更换和报废管理制度。在劳动防护用品使用前，应对其防护功能进行必要的检查。

15）建筑施工企业应教育从业人员按照劳动防护用品使用规定和防护要求，正确使用劳动防护用品。

16）建设单位应按国家有关法律和行政法规的规定，支付建筑工程的施工安全措施费用。建筑施工企业应严格执行国家有关法规和标准，使用合格的劳动防护用品。

17）建筑施工企业应对危险性较大的施工作业场所、具有尘毒危害的作业环境设置安全警示标志及应使用的安全防护用品标志牌。

三、施工安全防护一般规定

1）主要用于为钢结构施工中吊装、焊接、防火涂料施工、压型钢板铺设及登高、临边作业等活动提供安全防护。

2）在施工组织或施工技术方案中应按国家、行业相关规定，并结合工程特点编制高处作业安全技术措施，包括但不限于临边与洞口作业、攀登与悬空作业、操作平台、交叉作业及安全网搭设等。

3）高处作业施工前，应对作业人员进行安全技术教育及交底，并应配备相应防护用品。

4）高处作业施工前，应检查高处作业的安全标志、安全设施、工具、仪表、防火设施、电气设施和设备，确认其完好，方可进行施工。

5）定型化施工安全防护措施制作使用的主要材料有角钢、工字钢、钢筋、钢板等钢结构施工中常见的材料，及钢丝绳、绳卡、花篮螺栓、安全网等配件及用具。所采用的材料及配件应符合国家或行业标准要求。

6）定型化制作的安全防护措施须经过验收合格后方可投入使用。

7）使用过程汇总应严格按照设计要求，避免过量堆载等。

8）需要临时拆除或变动安全防护设施时，应采取能代替原防护设施的可靠措施，作业后应立即恢复。

9）各类安全防护设施应建立定期的检查、维护保养制度，当发现防护设施存在松动、变形、损坏或脱落等现象时，应立即修理完善，验收合格后再使用。

10）在雨、雪、雾、霜等天气进行高处作业时，应采取防滑、防冻措施，并及时清除作业面上的水、冰、雪、霜；遇有六级以上强风、浓雾等恶劣气候，不得进行露天攀登与悬空高处作业。暴风雪及台风暴雨后，应对高处作业安全设施逐一检查，发现有松动、变形、损坏或脱落等现象，应立即修理完善。

11）本节主要通过一些定型化制作的措施为钢结构常规施工作业提供安全防护，施工单位可以根据工程实际工况按图施工或参考使用。超出设计说明之外的工况，施工单位应另行设计计算。

参 考 文 献

[1] 李星荣，靳晓勇．钢结构连接节点构造设计手册 [M]．北京：机械工业出版社，2016.
[2] 钢结构设计标准：GB 50017—2017 [S]．北京：中国建筑工业出版社，2017.
[3] 多、高层民用建筑钢结构节点构造详图：16G519 [S]．北京：中国计划出版社，2016.
[4] 钢结构工程施工质量验收标准：GB 50205—2020 [S]．北京：中国计划出版社，2020.
[5] 轻型屋面梯形钢屋架：05G515 [S]．北京：中国计划出版社，2005.
[6] 钢托架：05G513 [S]．北京：中国计划出版社，2021.
[7] 钢网架结构设计：07SG531 [S]．北京：中国计划出版社，2008.
[8] 天窗挡风板及挡雨片：07J623-3 [S]．北京：中国计划出版社，2008.
[9] 轻型钢结构设计实例：08CG03 [S]．北京：中国计划出版社，2008.
[10] 钢结构施工图参数表示方法制图规则和构造详图：08SG115-1 [S]．北京：中国计划出版社，2008.
[11] 带水平段钢斜梯（45°）：11SG534 [S]．北京：中国计划出版社，2011.
[12] 钢结构连接施工图示（焊接连接）：15G909-1 [S]．北京：中国计划出版社，2015.
[13] 钢结构施工安全防护：17G911 [S]．北京：中国计划出版社，2018.
[14] 上官子昌．钢结构工程识图与施工精解 [M]．北京：化学工业出版社，2010.
[15] 张红星，等．钢结构工程制图与识图 [M]．南京：江苏凤凰科学技术出版社，2014.